乐施会资助出版，内容并不代表乐施会立场

感谢乐施会对研究项目及其出版的支持！

| 贫困、发展与减贫丛书 |

Reflection on Participatory
Development
–Frontier of Development Anthropology

反思参与式发展——发展人类学前沿

陆德泉　朱健刚 ◎主编

社会科学文献出版社
SOCIAL SCIENCES ACADEMIC PRESS (CHINA)

目　　录

发展人类学：架起研究者与实践者之间的桥梁（代序）

陆德泉[*]

"在那么多国际 NGO 中，乐施会算是最亲近草根的了，可是同时它又受到那么多草根 NGO 的批评，甚至被看做西方中心论的传播者。对于乐施会不遗余力地推动参与式发展的理念来说，真是一种讽刺。虽然我也常常批评乐施会，但是在昨晚的论坛上真切地有了这种同情。但是批评就批评吧，这是我们希望看到的，不管是因为误解还是因为无知。我想对德泉而言，先行者的命运大抵如此。"——朱健刚的博客留言

还记得 2009 年人类学大会的"发展人类学的前沿"分论坛上，本土公益组织质疑国际 NGO 一直以来推动的参与式发展。从批评参与式评估方法（PRA），到批评参与性发展的价值和理念，甚至出现暧昧的否定。有的从国情出发，质疑参与式发展无视地方政府和乡村两委的存在。参与式发展好像鼓吹另起炉灶，项目管理

---

[*] 陆德泉，原乐施会研究与发展中心主任、云南大学—香港理工大学设计和社会发展研究中心客座研究员。

小组架空村社两委，造成社区的分化。有的质疑参与式评估的项目设计方法并不切合外来组织进入社区建立关系、社区动员和组织发育的过程。有的质疑参与式民主的项目管理不符合中国的农民性，缺乏民主参与的精神和能力。很多批评强调发展工作的水土不服，欠缺对本土、国情的了解和结合。

但值得我们反思的是，这些批评所指的参与性发展是什么？是参与式快速评估？是农村参与式评估？是广义的参与性评估？是狭义的参与式发展，还是广义的参与性发展？参与是什么？发展是什么？国情是什么，本土是什么？是制度，是价值，是潜规则，还是既有形成的习惯和互动形式？水土不服是指相关的发展理念基本的价值不对，与中国社会的基本价值相矛盾；还是说价值基本是相同的，只是操作策略上不符合中国的制度和习惯？因此，我们对发展工作改革的方向是重新建构中国发展工作的理念，还是调整相关发展工作的模式和方法？是适应中国的制度和习惯脉络，还是在这些脉络中，重构发展工作的操作理念和工作模式？

缘　　起

从 20 世纪 80 年代初接触社会工作时，我就已经开始关注从国外引进干预理论和策略的本土化问题。还记得当时任社会工作学会会长，在推动社会工作的中国化和本土化的探索时，就受到师长的批评。90 年代初开始参与扶贫发展工作，在国际组织的推动下发展工作逐步在国内蓬勃发展起来。虽然在很多场合与朋友谈到国际发展工作模式移植到国内出现的问题，却很少看见学术界对发展工作模式在中国实践的认真研究和思考。普遍在学术期望上出现的研究不是简单地肯定国际发展工作模式的合理性，就是简单地提出发展工作模式的水土不服。

在离开大学进入乐施会组建研究发展中心时，我怀着推动发展工作的本土化，开发符合中国社会转型期社会发展问题的介入模式和工作方法的研究目的。从行动研究出发，发展工作的本土化应该是一个研究—发展干预—反思/理论重建—修正提高认识的良性互动过程。发展工作研究和发展工作两个场域在国际发展社群中的合作问题也不少。从 20 世纪 80 年代中期起，在国际民间组织和国际多边发展合作组织（如世界银行、亚洲开发银行、联合国发展署等）的推动下，聘用发展咨询专家开发和推动各种农村发展扶贫模式，比如，参与式农村评估（Participatory Rural Appraisal）、参与式发展（Participatory Development）、社会性别与发展视角（Gender and Development）、以权为本（Rights-based Approach）、传统/土著知识（Traditional/ Indigenous Knowledge）等。有的发展工作模式在理念、假设以及策略的社会条件等方面都存在欧洲中心主义，不一定具有在发展中国家推广的条件。

在国际以及中国的发展咨询专家还未完全消化，就生硬照搬到其他发展中国家和中国来。吊诡的是，在中国社会科学研究严重滞后的条件下，由于这些发展工作模式背后的价值、假设和研究方法比中国的主流学术研究更靠近经验性研究，更从下而上，所以深受与发展工作密切相关的学术人士欢迎。[1] 在发展项目的实践过程中，国际民间组织、本土民间组织以及国际发展合作项目都是按照类似的项目框架进行设计的。不管项目社区和对象的接受程度如何、有无困难和障碍，大部分机构和工作人员还是按照设计的工作模式开展工作，缺乏对存在问题的讨论和反思。[2] 从发展工作的行

---

[1] 改革开放初期到现在，大部分的社会科学研究在两端徘徊。大部分停留在科学社会主义和历史唯物主义的推论，以及对国家领导人思想的诠释上，调查研究则基本是政策或社会问题层面的社会调查，采取不规范的研究方法。20 世纪 90 年代末到现在，规范的研究方法逐步形成，但受北美的定量研究影响较大，质性研究薄弱，从基层民众和边缘群体的视角尤为欠缺。

[2] 在参与发展工作的 20 年间，听到了不少既荒诞又"合理"的故事。如，贫困县为了向上级拉扶贫项目，必须买好车，建好宾馆。扶贫项目要在交通方便的地方，以便验收。PRA 专家吹嘘个人的高效：半夜到达村寨进行评估，吃完早餐后就可以离开了。某基金会项目点的村民以 CO、CDF 等英文缩写订立相关的管理规定。

动逻辑来看，发展机构和工作者需要的是确切的系统工作模式指导工作的价值、程序和技巧，不接受模棱两可和质疑工作模式的反思。实际上，正是由于很多前线的发展工作者在实践的过程中对发展工作模式的本土化问题表现出困惑，才出现了第一段描述的场景。我在社会性别与发展视角、以权为本、传统／土著知识等工作模式的培训和研讨中也参与过不少类似的争论。由于缺乏系统的分析和讨论，这些争论往往变成简单的国情论和中国文化本质论，就像在帮婴儿洗澡时，不光倒掉脏水，连婴儿也倒掉了。

就现代的学术知识生产逻辑而言，社会科学的知识论一直在价值中立和不干预研究对象立场的争论中发展。虽然社会科学知识论中也提出了任何形式的研究活动以及结果可能对社会现实的影响，或自反性社会科学（reflexive social sciences）的进路，但一直没有成为主流。① 从主流的价值中立和不干预立场出发，学术界很容易对发展干预现象背后的价值、干预方式和后果嗤之以鼻。有的学者认为"发展干预"是发达国家天真或无知地把现代化施加在发展中国家头上，罔顾发展中国家的传统和在地的发展需要。世界系统（world system approach）的政治经济学分析角度认为国际发展领域只是发达国家对发展中国家的新殖民主义策略，试图以世界银行的多边援助或发达国家的双边援助为发达国家的新自由主义政策铺垫，并缓解新自由主义带来的贫困或生态破坏的矛盾。后发展主义角度认为国际发展体系是现代性话语权力体制化的结果，发展中国家被裹挟进去，在话语—科学—真理的权力关系中打造自我追求以及复制仿西方经济政治社会体制的想象和努力，从而埋没本土社会的想象，无视本土的声音和需求。发展主义话语—权力渗透了宏观发展政策、中观的发展项目设计以及具体发展项目的语言。②

---

① 可参考吉登斯（Anthony Giddens）的社会的构成（The Constitution of Society）和布尔迪（Pierre Bourdieu）的自反性社会学（Reflexive Sociology）.

② 从现代化批判到后发展主义的批判，可参考凯蒂·加德纳（Kany Gardner）和大卫·刘易斯（David Lewis）的《人类学、发展与后现代挑战》。

有的对具体发展工作研究感兴趣的，也是以客观学者自居的研究者对发展干预的现象采取旁观，甚至嘲笑的态度，批判发展干预的假设、策略以及干预过程。我过去也持有这种"学术洁癖"的心态，不想沾"发展干预那趟浑水"。可是，在过去20年参与发展扶贫的过程中，我逐渐改变了看法。无论是政府的扶贫项目、民间公益组织的发展项目，还是城市的社会政策干预项目，都是不能回避的社会现实；发展干预的"问题"并非独有干预社会"自然形态"的原罪，也不一定必然地比其他形式的社会干预高尚。① 相对而言，民间公益组织发展项目的反思性和能动性的空间和政府及市场相比较大，学术干预有可能发挥积极的促进作用，协助公益组织反思完善扶贫发展政策和项目的理念和机制，为建立与在地社区的多元群体，尤其是边缘社群，与发展项目方提供相互理解的、知情和平等的对话协商过程。

发展工作实践者遇到的研究者通常是项目的咨询或评估专家。他们的工作模式只是根据项目出资方的要求按照国际通行的发展工作模式设计项目，或评估项目目标的成效。这种研究无助于发展工作实践者在项目实践过程中对项目对象的进一步认识，无法看到项目模式与对象情况的真正差距，以及改善对象处境的可能性策略。所以，前线发展工作者表面上尊重这些发展咨询专家，实际上却不一定认同他们的项目设计或项目评估。

填补发展工作者与发展工作研究者之间的鸿沟，建立学术研究的知识建构过程与发展介入的行动过程间的衔接，协助发展工作者和研究者打破各自场域的惯性和束缚，以及建立知识—实践—反思—再实践的社会建构过程，都是过去五年在乐施会研究与发展中心建立发展工作实践者与发展工作研究者的互动平台的尝试。研究与

---

① 发展工作研究其中一个流派把所有发展工作称做发展工作产业（development industry），有产业自身的利益和发展逻辑，并非由发展工作所宣称的价值所推动的利他和价值基础。

发展中心支持了伙伴在 2009 年国际人类学大会组织的三个专题研讨会以及一个边会，让有研究兴趣的发展工作实践者和愿意走近实践的发展工作研究者共同探讨发展工作的议题。

从现代化理论到后发展解构，
下一步应该干什么？

朱晓阳和谭颖通过话语分析对中国的发展工作研究进行评述，认为贫困、参与式发展、本土知识等发展工作话语的后设立场，均采取了他者化的思维逻辑。一方面，他者化的逻辑对项目对象的贫困特点、知识以及主体性等方面进行本质化的论断；另一方面，发展项目的理念和策略在他者化的逻辑下，同样采取了本质化的脱贫、在地知识和参与主体的想象作为中国扶贫发展的预设。所以，朱晓阳和谭颖呼吁中国发展干预的研究和实践应当进入更自觉的"对话"和"干预"的时代，重新审视贫困民众、主体性、知识和参与等发展话语。他们建议的策略接近于"去想象殖民"（de-colonize imaginations）知识后设，审视这些发展话语的复杂性，重新嵌入到当地历史、社会、经济以及政治关系中取得理解和认识。他们认为发展工作研究推动的"对话"是指地方性知识不再只是本地人持有的，而是可以通过"彻底解释"获得的可以具有普遍性意义的知识。发展工作要面对的"权力"问题，不光是我们表面上在上述发展工作模式中描述的权力不平等问题，更是形成这些发展工作模式预设的知识—权力问题。在"去想象殖民"的基础上，如何开展"对话"和"彻底解释"，相信朱晓阳和谭颖只是提出了一个新的起点，具体的策略和技巧还需要各位同仁的共同努力。

参与性发展在中国的反思

和国外发展工作研究对发展性参与的反思一脉相承，韩俊魁和胡小军的两篇文章对中国的参与式发展提出了思考。通过对世界银行和扶贫办外资中心合作推动的社区主导型发展（Community Directed Development，CDD）的分析，韩俊魁认为社区主导型发展模式修正了传统扶贫项目审批和实施权力过度集中在政府部门的问题，把扶贫项目的审批权下放到行政村，项目申报权和实施权下放到村民小组（自然村）。首先，社区主导型发展真正体现了村民自治组织的决策和管理权力。其次，通过县和社区外部 NGO 和社区协助员提供的技术协助，项目管理设计中对决策和财务管理的分离，这些制度安排有助于协作县扶贫部门、行政村和自然村的良性互动，也同时提供了外部的监督力量。

实际上，社区主导型发展模式不仅解决了传统政府扶贫部门的问题，也对国际 NGO 提倡的参与式发展模式做出修正。大部分 NGO 发展扶贫项目的参与模式尝试建立相对自主的项目对象自我管理组织，以避免传统社区内外权力的干扰，比如政府、家族等。事实上，这种尝试很可能引起政府批评，受到架空两委另起炉灶的指控。实际上，很多自我管理组织无法建立真正的自主管理，现实运作中受到各种传统社区内外力量的渗透和操纵。所以，社区主导型发展无疑在扶贫制度创新上走出了一步，探讨发展项目管理与基层民主治理的良好结合方式。同时，国际发展工作模式中提出的"社区的迷思"对基层民主管理的深化也是一个值得深入探讨的问题。无论从农村基层民主治理来看，还是从扶贫发展项目的公平收益原则考虑，社区都不是一个单一平等的社会组织，其实际上存在贫富、民族、性别以及其他的权力关系所形成的不平等、社会歧视以及排斥机制。因此，国际扶贫项目在应对社区分化时考虑的包容性参与式策略，比如保障贫困、少数民族和妇女的参与权利等措施，对社区主导型发展以及中国的农村发展模式而言也是值得重要思考的问题。当然，边缘群体的利益究竟是通过保障名义的"参与"权利，还是需要设计其他实质性的参与，一直都是国际发展以及学术上热议的话题。①

　　胡小军通过三个案例指出参与式社区发展的局限。在小流域和水资源的问题上，单一社区无法应对国家政策和其他地区对社区水资源的影响，以及国家应对水资源短缺的反制措施，比如迁移缺水地区的农民。同时，对在地社区的发展工作也无法应对社区以外的市场和技术。因此，胡小军提出参与式发展干预需要考虑社区范围的"尺度"，选择合适的社区延伸空间以设计该议题的干预区域。②同时，发展项目的规划和管理框架在应对社区发展在空间组织的延伸和不确定性上，必须抛弃"蓝图式"的计划，采取弹性和灵活的项目规划和管理框架。

社区发展的反思

　　古学斌以公平贸易的方式为云南贫困农村——平寨妇女提供生计方式，以应对西南贫困农村在城乡二元结构、城乡差距扩大、农业经营条件恶化和农村消费上升等问题对农村的影响。城乡的变化带来了农民外出打工的压力，农民失去对农村和个人发展过程的控制，产生严重的无力无助感。香港理工大学打造的民族手工艺品公平贸易项目，通过建立平寨妇女的手工艺品生产，尝试进行能力建设和赋权。项目经过七年的努力，其一，妇女从被动的接受者转变为主动的行动者；平寨妇女发现了她们自身的设计和市场能力。其二，项目改变了农村集体经济瓦解后的个人主义陋习，逐步开始生

---

① 对于由国际发达国家发展合作社群提出的"参与式发展"，一直都有不少争议。其中一本文集就以"参与的暴政"（The Tyranny of Participation?）提出发达国家以西方"参与式民主"的参与价值与形式漠视发达国家原来具备包容与参与的理念和制度，这种无知推动下的参与模式带来的项目治理可能带来完全相反的结果。

② 原来我们在这个专题研讨会也邀请了绿色流域的于晓刚博士分析他们进行了十年的参与式小流域治理模式，应该可以很好与胡文相呼应。可惜由于种种原因，报告没有在研讨会上发表。

产合作。其三，项目提高了妇女生产销售和交易的知识和能力，例如成本计算、价格设定、市场风险和产品制造。其四，手工艺的制作和增收增强了平寨妇女对在地村寨传统文化的认同和保护。其五，平寨妇女通过参与公平贸易的运作，明白了主流市场对民族工艺和妇女劳动的剥削。其六，平寨妇女通过经济赋权逐步改变传统的社会性别分工。

外部项目推动特定群体的发展是否可以持续？是否可以带来社区整体的发展？项目的效果是否可以持续？能否转化成为内源的动力？王晓毅的研究比较了外来力量推动的社区发展与内源发展的社区发展模式。王文指出中国的农村社区是在国家、市场以及公民社会以外的独立的分析概念，不能简单地与公民社会混为一谈；从社会本体论的角度，它又是与国家和市场相互嵌入不可分的实体。所以，对农村社区发展的分析不能孤立来看，必须结合当前中国农村外部与内部的变迁进行分析。国家—农村社区的关系在农村税费改革、积极反哺农业和乡村行政体系改革宏观背景中产生改变，村社干部的工资补贴更大程度上来自乡镇政府，威信来自取得国家项目。在此宏观背景下，王文认为农村基层民主的实质正在改变，国家—村庄关系正在重塑，村民自治的民主管理权利受到很大制约，农村基层选举某种程度上成为"民主化的表演"。

王文同时也分析了农村社区分化对社区发展的影响。改革开放30年，农村社区产生高度分化，要建立具有约束力的社区规范，解决内部矛盾，形成社区共同目标以及凝聚集体行动以推动社区发展，是一个巨大的挑战。国家积极的三农政策和农业商品化也在重塑社区精英和农民的关系。社区精英更大程度地依赖社区外部的政策或市场资源在社区树立威信，同时需要拉拢可信赖的老乡提供政治上或市场的支持，从而形成了新型的庇护—从属关系（clientelism）。新型的庇护—从属关系意味着社区内部的派系分化以及复杂的互惠和矛盾。这些关系与基层民主选举、农村市场、行政官僚以及外部发展项目的相互渗透，形成复杂的社区发展模式，打造特定的民主和参与形态，为社区共同目标和社区集体行动带来积极或消极的影响。这些复杂性并没有动摇王晓毅对社区发展的希望，他期望通过集体的努力，共同协助农村社区探索民主和参与的决策机制、基层社会能力建设，维系并弘扬社区内的互助、互惠庇护关系，建设农村基层和谐社会。

洪馨兰分析台湾美浓黄蝶祭的案例，呈现了美浓外流知识青年回乡"创发"传统，应对台湾农村社区的内忧外患。20 世纪 80 年代，美浓外流知识青年有感于美浓农村在日治时代和台湾工业化时代遭受的自然资源剥削以及大量年轻一代外移带来的社区凋敝，在政府规划兴建大坝，美浓即将淹没之际，部分外流知识青年返乡，积极动员、拯救家园。他们"创发"客家社区传统以重建美浓社区。美浓返乡青年"创发"的传统，不是国家主义或市场逐利的目标，而是通过祭祀黄蝶凝聚社区以及社会对美浓遭受生态破坏的关注。同时，黄蝶祭激发外流和在地的美浓老乡，通过经验式的文化体验，探讨美浓面对的议题，重建美浓社区，获得台湾社会对环境的关注以及乡土文化社会运动群体和政府的认同和支持。洪文认为美浓返乡青年的"创发"是建基于客家传统的三献礼仪式的地方知识，让"传统的记忆"生出"新的记忆"。从自觉发现客家社区面临的真实处境，呈现客家社区的公共性议题，打造新的客家意识。值得补充的是，以美浓黄蝶祭为起点的美浓新客家文化运动，一直维持着其民间性。就是在民间主办社团缺乏资金举办时，主办方宁愿停办也不愿意依靠政府或企业，以免产生对外部资源的依赖，破坏内源的维系动力。后来，美浓新客家文化运动逐渐与政府合作，比如建立客家文化博物馆和美浓社区大学，是政府和在地民间社团合作的良好典范。

社会性别视角对发展工作的反思

赵群的文章分析了社会性别视角下发展工作面对的挑战。第一，由于很多发展项目缺乏社会性别分析，忽视农村生产和再生产中的性别分工。特别在当前农村和农业女性化的趋势中，容易产生目标人群的"靶偏移"，忽视农村妇女实际承担大部分农业劳动的现状。同时，就是针对妇女发展的项目，如果不打破社区原有的社会性别分工，也只会增加妇女的劳动负担。第二，发展项目的技术推广和服务缺乏社会性别意识和社会性别的敏感性，比如偏重文字、汉语以及长时间的集中培训等方式，无视贫困或少数民族农村妇女的日常语言习惯以及传统家务和父权对妇女的束缚。第三，假如针对女性和提高女性参与管理能力的项目没有改变社区中固有的社会性别关系，农村妇女就无法真正参与到社区事务中来。真正推动社会性别平等的发展项目应该提供条件，倡导男性分担妇女的劳动，才可以保证妇女参与的持续性，让女性平等地参与社区管理的平台。第四，妇女参与社区并非一蹴而就。发展项目应协助妇女开拓自主的公共空间，增强妇女的自信，促进妇女群体的成长，使其逐步获得参与社区管理的经验和能力。第五，发展项目在满足妇女现实需要的同时，必须考虑社会性别关系改变的战略性策略，否则固有的社会性别关系甚至会阻碍妇女现实需要的满足，成效无法持续。比如一些节省妇女劳动的社会性别项目在固有的社会性别关系下，节省的劳动和时间反而给妇女带来新的农业活动，带来新的心力俱疲。

少数民族视角下的发展工作

赵旭东的论文主要从少数民族视角研究汶川大地震对汶理茂县世居民族（羌族和藏族）的直接影响，以及灾后重建政策带来的影响。在大地震中，不少传统羌藏房屋的石木形式住房开裂或倒塌。地震破坏了传统公共宗教仪式场所，影响了羌族的传统宗教聚会和传承。逐步世俗化的释比在大地震中未能幸免，加深了羌族灾民对传统信仰的怀疑。重建政策和办法带来了对灾区的第二次破坏。赵的研究认为重建政策缺乏保护传统羌藏房屋的考虑，变相鼓励灾民拆掉木石架构的老房，破坏了传统羌藏房屋的传承。灾后过渡安置将大量孩子异地或异省安置就学，造成了灾民家庭长期分离，衍生了一系列问题。[①] 灾后学校的重建加剧了农村教育撤点并校的趋势和速度，世居民族家庭不光面临孩子过早离家住校的问题，同时也要面对少数民族语言和文化传承的断裂。生计重建普遍采取民族旅游，容易激化大沟中山上和山下的资源争夺，竞争游客过程中过度复制，忽视在地村寨文化。重建措施无视羌藏村寨传统的建屋习惯和换工制度，强制要求的期限、建材、建筑方式以及施工方式都在打造新的建筑方式和社会组织。基于上述问题，赵旭东呼吁在灾害重建的过程中，不能忽略当地文化进行简单的经济重建，必须关注文化层面，注重本地人的自省能力和文化本身所承载的惯性。

值得我们关注的是重建过程中对世居民族文化的简单保护可能带来第三波的冲击。在地震和重建政策带来传统文化断裂的前提下，作为生计重建策略的民族旅游可能进一步把羌藏文化表面化和演出化。在民族旅游的影响下，羌藏农民把传统的羌藏民居作为旅舍，平常却居住在汉化的重建房中；羌藏农民已经改穿汉装，民族服装只是表演歌舞的工具；释比已经淡出羌族的日常生活，只有在舞台上演出宗教仪式，赢取观众的掌声。工具性的文化产业化带来更大的冲击。

通过多年的实践和思考，侯远高梳理了少数民族发展观的几个重要议题。其一，少数民族不能被笼统地看成一个整体，必须要有少数民族的分化，比如干部、知识分子和村寨群众间的分化和区别。侯提出少数民族知识分子的责任，是通过推动文化自觉协助各阶层培育发展主体。其二，侯认为少数民族文化的核心是语言和文字，传承了历史文化信息、本土知识，以及民族思维的特点、叙述方式和审美标准。其三，在经济建设为中心的发展观的影响下，少

---

① 　当地羌族父母尤其不满的是异地临时安置的政府和学校不断把他们的孩子拉去参加募捐筹款活动，这不但影响孩子的学习，更伤害孩子和民族的自尊。

数民族文化成为为"经济唱戏"搭台的工具。少数民族文化往往被视为发展的障碍，把主流文化对少数民族文化的冲击视为理所当然，把少数民族同化视为发展趋势。因此，发展项目应该从文化建设的高度，甚至比经济建设还根本的高度认识少数民族文化对文化建设的重要性。

在这些认识的基础上，侯远高提出援助少数民族发展的基本原则：①尊重和体现少数民族主体性的原则。应提供支持让少数民族各阶层发展其主体性。识别当地人的内在需求和发展动力，从民族整体发展的需求，突破传统项目单一受益对象和局部目标的局限。②文化本位的原则。发展项目不能牺牲民族文化，与文化相适应的发展项目才有可能取得成功，项目应促进少数民族文化的发展。③少数民族权利平等的原则。根据联合国和国家法律对少数民族平等权利的保护，发展项目应维护和主张少数民族和弱势群体的权利。民族自强的关键就在于协助少数民族从法理上争取和维护自己民族的合法权利谋求生存和发展。④培育发展主体的原则。发展项目应提供支持，协助少数民族知识精英、社会精英和青年学子成为具有文化自觉性的公益组织者、整合资源者，培训人才，并协助他们倡导和实践新的发展观，提高自我发展能力，最后推动民族文化转型。

发展项目逻辑与小农逻辑的矛盾

杨小柳通过对香格里拉良美村蚕桑种养项目的个案研究，展示了贫困小农户的风险规避逻辑与政府产业化扶贫政策的逐利逻辑间的矛盾。虽然政府是基于农民增收的期望推广蚕桑项目的，但养蚕的风险让农户采取谨慎的策略。农户对蚕桑的有限投入，使蚕桑项目难以达到规划中的产业规模，无法达到预期的增收效果。不明显的增收效果巩固了农户的保守策略，不再扩大规模。杨从农民理性的角度研究他们参与市场过程的态度和行为，挑战了主流研究中把农民视为不理性、能力欠缺，甚至素质低下的观点。相反，在市场、政府政策和大自然的风险中，贫困小农选择规避风险的策略是理性的，在农户经营和家户分工中采取适应性办法。如果政府和公益组织的扶贫工作没有掌握好贫困小农的生计逻辑，那么产业化扶贫只会走进死胡同。

发展工作研究者与实践者的结合

从发展工作研究者与实践者的结合来看，侯远高应该是其中的佼佼者。作为中央民族大学的老师，他同时也是凉山彝族妇女儿童发展中心的创办人和理事长。他从机构的建立和发展的角度论述人类学与发展实践的结合经验。中国人类学介入发展的途径主要是通过获得政府和国际组织的应用研究课题，为政府提供咨询和调查材料，或承担国际项目的评估工作。人类学学者担负的角色既矛盾又辩证，他们一方面在主流中国现代化语境中参与建构"发展"话语与意识形态，另一方面在后现代思潮的影响下解构发展主义带来的问题。传统人类学学者在发展援助中只是配角，没有主导权和行动力。同时人类学的评价体系重理论轻应用，重书本轻实践，重数量轻质量，大部分毕业生和专家学者只会从理论到理论，学科缺乏知识创新，培养的人才不能适应社会发展的需要。

侯远高的实践始于 2001 年参与的中央民族大学组织的中英艾滋病防治合作项目重点课题——"（凉山）本土资源与弱势群体参与艾滋病防治的途径"，逐步走入发展工作实践的不归路。侯文认为人类学对发展工作的作用在于：首先，有助于深入认识彝族文化和社区以及毒品和艾滋病流行的原因，并根据当地人的处境和需求，从彝族文化的角度辨认解决问题的办法和途径。其次，人类学的整体观、文化相对论和尊重主体性的思想有助于建立项目干预的价值基础，尊重彝族当地的权利和意愿，采取社区和民众的赋权策略，逐渐让他们成为发展主体。从侯文看来，发展项目实施的过程好比学术研究的过程，农村发展的实践就是检验和展示学科知识的过程。人类学理论和方法可以成为向不平等、边缘化与权利被剥夺宣战的思想武器和认识工具。人类学学者需要反思传统人类学的"客观中立"的认识和价值立场，并重新建构"迈向人民的人类学"。

李敏通过四年以来乐施会在发展工作机构与发展工作研究者之间推动行动研究的经验，讨论实践者和研究者的合作关系。学者和实践者对研究期望的差异是一个需要跨越的鸿沟。比如学术研究注重探索性研究，而实践者则需要具体问题具体建议；学者习惯批判，而实践者期望建设性的意见；学术崇尚专家分析，而公益组织注重对象和工作员的在地知识和实践智慧；学者使用的语言艰涩，实践者需要简明了当的分析和建议。在乐施会两个案例的分析中，其一，学者的专业话语造成了发展工作者的失语，发展工作者和服务对象被边缘化。其二，学者习惯通过政府或资助方进入机构或社区，容易形成优越的姿态让工作人员或社区抗拒。其三，学者不适应行动研究的合作关系，把行动研究中达成研究目的和内容看做"带着镣铐跳舞"。其四，学者带着僵化框架评价公益组织的合作伙伴，缺乏同理心的理解。其五，中国学术文化容易从单一的案例中归纳成为普遍规律，或预设了社会发展的必然方向，与行动研究中理解发展项目和对象处境中的复杂性，以及通过具体问题具体分析归纳形成对发展对象和项目的深入理解相距甚远。

由是观之，李敏建议发展研究者和实践者首先需要建立相互理解和尊重的基础，通过换位思考理解各自的处境和形成的习惯，逐步建立信任关系。其次，研究者需要学会妥协，需要把研究指向行动设定为第一标准。再次，行动研究的各个环节必须保证各方的充分参与，同时体现各方的研究主体地位和能动性。又次，公益组织需要协助研究者了解发展行动的处境，摆脱"研究客体化"的书写和解释，理解和接纳实践者，与实践者一起提炼可以付诸实践的知识。最后，实践者应该突破解决当前问题的思维，通过对"以权为本""社会性别平等""社区自然资源管理"等外来发展工作模式的实践问题进行反思，从而进行本土化行动研究。

知识的逻辑与行动的逻辑

　　这个文集是建立发展工作研究者和实践者间的对话的一个尝试，也是迈出的第一步。发展工作实践者和研究者需要在发展工作的知识论上突破固有的成见，从而建立新的合作方式。要突破发展工作研究和实践者的固有前设，沙丹（Sarden）提出必须区分意识形态的民粹主义（ideological populism）与方法论的民众视角（methodological populism）。意识形态民粹主义强调基层民众的能动性和知识的优势作为发展工作的假设和目标。这种前设无视基层民众在固有政治、经济、社会和文化结构中的局限。方法论的民众视角关注从民众知识、策略和能动性的角度研究发展项目作为一个重要的社会行动者，与其他参与到发展项目结构和过程中的发展行动者的互动。这一观点并不预设民众的能动性和知识的优势，反而通过经验研究审视基层民众与其他发展行动者间的互动形态。

　　首先，发展工作研究者与实践者必须对发展工作的知识基础达成共识，特别是发展工作的本体论。沙丹（2005）的《人类学与发展工作：对当代社会变迁的认识》系统地整理了当前发展工作人类学和发展工作实际之间的知识鸿沟，并提出以发展工作的社会事实（the social fact of development）对实际运作中的发展工作作为发展工作研究的进路（approach）以衔接发展工作研究与实践之间的鸿沟。或许，我们可以称之为发展工作的结构关系运作形态。首先，沙丹结合了后发展视角和行动者视角的分析[①]，把发展工作看成在发展不同发展行动者与发展构造形态（development configurations）的互动过程的分析。发展构造形态的概念基本是结

---

① 后发展视角主要以 James Ferguson 和 Arturo Escobar 为代表；行动者视角主要以 Norman Long 为代表。可参考 Gardner, Katy and David Lewis. 1996. *Anthropolgy, Development and the Post-Modern Challenge*. London：Pluto Press 的讨论。

合了后发展视角中对发展话语与制度化权力的建制化分析。沙丹试图超越后发展视角，不是从知识后设的角度简单否定发展话语衍生的制度，而是把这制度作为起点，从而分析这样的构造形态如何打造各种发展行动者的权力关系，以及它们与话语和制度之间或行动者之间的互动。他提倡社会嵌入逻辑（entangled social logic）的进路，强调各种行动者的行动逻辑都嵌入历史文化的社会经济政治过程中。所以，研究发展工作的过程，必须分析这些不同行动者的社会行动逻辑交汇点中的互动和角力和因此产生的冲突、抗拒、适应以及改变的形态。

沙丹在一定程度上整合了郎罗（Norman Long）有关发展工作推动的农业科学推广知识体系与发展中国家小农的知识体系的矛盾，从而形成"西方现代科学知识"与农民的生活世界（life-world）所形成的"知识的战场"（battlefields of knowledge），将其置于发展建构形态的脉络做出分析。在这一基础上，发展工作行动者在一定程度上处于发展建构形态和发展工作对象的生活世界的交汇处间进行协调。协调的领域主要在与有关发展语言与本土生活语言的联系；这点分析与 David Lewis 的发展工作中介与翻译者（Development Brokers and Translator）相似。发展工作的中介者类型、它们在协调发展构建形态的角色差异，以及对发展工作的对象影响各异。沙丹采取了对后现代主义的经验分析方法，在地发展（local development）成为相关策略性群体在发展构建形态中的政治角力场域，改变原来发展项目的目标，产生计划外的后果，以对发展工作目标和对象产生影响。

沙丹无疑为真实运作的发展工作提供了系统的分析视角，但从发展工作推动的价值和目标反思看，沙丹似乎回避了发展工作研究者和实践者如何面对发展工作背后的价值和目标的问题。就是在区分了意识形态的民粹主义和研究方法上的民众视角后，发展工作研究更清楚地从民众视角了解了项目和基层治理的运作形态后，究竟应该如何看待参与式发展模式（participatory development）的修订。

同样的问题也出现在社会性别与发展（gender and development）、传统知识（traditional knowledge）、世居民族（indigenous peoples）等议题上，研究者和实践者也明白这些议题背后理念的问题，无论要处理来自西方的价值理念，还是相应议题的在地情况、价值和改变的目标。也许，沙丹把这些发展工作中艰难的部分交回到了发展工作研究者和实践者未来的合作上。

发展工作研究者与实践者合作模式的重新思考

基于多年来与发展工作实践者的合作，沙丹认为有两个模式值得参考，但其中研究者与实践者对合作的谬误需要澄清。

首先，在发展工作行动研究中，有些研究者认为参与过程本身拉近了与被研究者的距离，影响了研究者的客观观察和分析。但是，从民族志的本体论、认识论和方法论反思看，无论研究者是否参与发展项目进入被研究社区，其实也同样成为被观察和分析现象的一个部分，是一个不能避免的过程。因此，研究者需要自觉意识到可能存在的认识和分析偏差，以及建立对分析现象的各种诠释可能。

其次，与实践者开展的共同行动研究固然有一些条件对研究者的研究来说是一种束缚，比如行动研究的主题一般比学术研究更具体和狭窄，时限要求比一般学术研究要短，运用语言比学术论文通俗易懂。沙丹认为研究者应该把这些条件看成特殊研究条件，不一定带来对研究的视角和方法的让步。为了保障研究者与实践者的自主领域，沙丹在共同行动研究模式的基础上提出了契约方法（contractual solution），研究者和实践者通过商讨，为共同的互动和合作领域达成共识，也尊重各自领域关注的议题和运作逻辑。

最后，沙丹对发展工作研究者与实践者可以合作的范围提出了如下几点建议。

（1）对发展工作实践者的培训与对话：发展工作实践者很容易受到庸俗社会学和人类学知识的影响，采取了社会上对贫困或少数民族的偏见，采取的知识立场与发展工作的参与、发展主体、协助与对话等发展语言截然相反。所以，研究者可以为发展工作者提供基本的社会学和人类学培训，以警惕对庸俗社会学和人类学的偏见和套话，特别是对传统的发展和农村工作训练谬误的反思。比如训练由上而下的思维带有蔑视或怀疑基层民众能力的偏见，过度依靠脱离基层民众的利益和想法的在地发展工作中介人员，发展工作训练中的反思考或反智的倾向而成为"糊涂"的发展工作员，新发展工作培训强调的沟通和意识提升沦为对基层民众的操纵，并以意识形态修辞的协助基层民众建立主体性来掩盖无知和霸权。

（2）发展项目目标偏离原定计划，从沙丹看来，是很正常的现象，而且，是不可能消灭的。在外来发展项目与在地社区和人群的复杂互动中，偏离原来目标和产生目标外的效果是不可避免的。反而针对目标偏离的产生机制的认识，对于发展项目方和研究者来说，是非常重要的去了解在地社区和社群对发展项目的认识、利益和选择的机会；更好协助项目方调整项目设计，以符合在地社区的内在动力。

固然，从现实的发展构建形态出发，很多发展实践者受制度、国际发展管理、管理主义的意识形态、财务管理等制度束缚，限制的项目管理周期和制度对发展项目的管理和监评，形成了不容易根据研究者观察到的偏差而修正项目的设计。

所以，真正推进发展工作研究者与实践者的合作需要发展机构、研究机构、发展工作研究者和实践者的共同努力来打破墨守成规的思维以及制度束缚，探索合作知识和价值基础。

中国的"发展"和"发展干预"研究：一个批评性的评述

朱晓阳　谭　颖[*]

摘　要： 从人类学视角回顾和评述中国的发展干预及相关研究，可围绕三条脉络：首先，在最近30年的发展主义展现过程中，国家的发展大计从一开始就是一个主要背景，可以说，在实践的很多场域中难以区分国家与非国家（或社会）的联结点；其次，国际性发展产业的介入和由此催生的自下而上的发展干预活动是发展干预研究的另一条重要脉络；再次，在上述两条脉络交错下还凸显关于发展的人类学理论探索和争论，这条线索可以概括为：从进化式发展到多样现代化，再到后发展。在中国向"发展援助输出国"转变的时刻，重新理解中国的发展干预之路具有重要的理论和实践意义，这涉及对过去30年中国的工业化/现代化特征的重新认识。关于发展干预的人类学讨论应该从对中国的现代化/工业化的"独特性"深入理解开始。

关键词： 发展干预　另类现代化　实用主义

* 朱晓阳，北京大学社会学系、社会学人类学研究所；谭颖，北京大学社会学系、社会学人类学研究所。

导　言

从人类学视角回顾和综述中国的发展干预研究，我们首先想到这是一个"知识生产与实践"的问题。如果直白地说，这个问题的核心就是对发展主义及其全面展现的论证、批评和补充。

为了便于讨论问题，我们需要将中国的"发展现象"做两种区分，第一种现象可以称为国家发展运动——这是指以国家为背景的经济发展活动和相应的政策制定与实施。在 1979 年以前这种国家发展经常被冠以"运动"的帽子，在此后则统称为"改革"。在这个意义上的主要"运动"和"改革"，如农业的合作化运动、公社化、联产承包责任制、乡村工业化等，以及大跃进、工业化、市场化、国有企业改制和林权改革等。第二种现象可以称为"发展干预"，这是指最近 30 年来，在与国际的援助产业① （ aid industry） 接轨和互动的基础上，开展的一些旨在针对某些群体问题的干预活动，如贫困、少数民族、妇女、艾滋病和生态环境等等。

在现实中以上两种现象所涉及的内容经常交织在一起，例如工业化、现代化、生态环境问题等。但是从学术分析着眼，我们可以将这两方面进行一些区分，同时将本文的主要任务放在讨论与"发展干预"有关的方面。

但是要对"发展干预"这个问题进行深究，我们也不得不跳

---

① 将"发展"和"援助"当作"工业"或"产业"来看待，带有西方知识界对这一系统讽刺和挖苦的意思。它表明这项事业一方面是某种意识形态的工具，另一方面又是一项与其他生产经销任何商品没什么差别的产业。这样的标签还意味着它正遭到普遍怀疑并面临着深刻的危机。参见 K. Gardner, and D. Lewis. 1996. *Anthropology, Development and the Post-modern Challenge*. London：Pluto Press. （加德纳、刘易斯，2008，《人类学、发展与后现代挑战》，张有春译，北京：中国人民大学出版社）。

出两个限制前提：首先，我们不得不跳出人类学的领域，因为这个领域中的更多研究是来自人类学之外的。其次，我们不得不跳出学术思考的范围，因为中国的发展研究或多或少是与最近30年国家——政府（甚至60年来）为主导的发展大计相关联的，或者说很多研究和对话是围绕着国家——政府的发展大计进行的。

基于以上考虑，在这篇文章中，我们将围绕着以下思路来论述。

第一，技术——现代化。在最近30年的发展主义的展现过程中，国家的发展大计从一开始就是一个主要背景。关于这种"背景"，我们认为是一种"表征性"的或者说"仪式性"的存在。换句话说，虽然"国家"无处不在，但在实践的很多场域难以区分国家与非国家（或社会）的联接点。当然，在现象上发展干预大计以政府之手或貌似政府之手推动是明显的事实。

国家——政府主导的发展大计的背景可以用"技术——现代化"这样两个关联的词来表示。也就是说，国家虽然强调发展是在"社会主义"这个前缀下的表象，但实际上是将发展视为一种非政治性、技术性的"发展"，这种发展的基本表征是现代化。

这种现代化为核心表征的发展大计，是一个贯穿了20世纪大部分时间（特别是从1949以后）的主要背景和延续运动。例如从1979年开始的改革基本上是以现代化理论和模式为表征的。在这种表征之下，工业化（无论是在计划经济还是市场经济模式下的）是现代化的标志，经济增长是核心（以GDP和人均收入衡量）。除此之外，社会主义——市场经济（以开放或建立市场体系为基本的改革）是基本的意识形态，中央集权的政治体制——社会稳定是基本政治制度和社会核心话语。

应该指出的是，以上这些技术——现代化的特征主要是作为意识形态性的表征/表象出现的，这种技术——现代化表象虽然已经与中国的社会核心价值有关联，例如强调"社会主义"前缀，但是它与中国最近几十年践行中的现代化仍然有差距，我们认为这种践行中的现代化与表征的现代化模式差距很大，[①] 简言之，中国的现代化虽然具有"计划"的外貌或清楚的意识形态表征，实际上却是实用主义性的或者说是实践性的。[②] 这是理解中国模式的关键之处。

从与国家—政府发展大计背景有关的发展干预来看，从早期到最近一些年牵涉的问题和涉及的模式差别很大，如早期强调产业开发、区域开发、少数民族地区的发展等；1990 年代则强调以穷人为目标的扶贫到人（如小额信贷），与此同时又引入参与式发展（参与式在整村推进计划中获得正式的国家认可）和非政府组织参与。此外，国家发展背景下的发展干预也在最近一些年出现强调环境和生态保护的可持续性发展的特点。[③]

总而言之，国家发展运动背景下的发展干预虽然在 30 年间呈现与国际发展产业互动和吸收某些后者说法和手段的因素，但是以技术—现代化为核心的基本发展表征没有变（其间可能增加可持续性发展、环保/生态观念、少数民族发展、小额信贷等），自上而下发动和推行的基本方向没有变（其间增加了参与式的提倡、社区发展基金的设立等）。

---

① A. R. 德赛很有见地地指出，"我们如果要在现代化研究中避免出现混乱，那就亟须分清资本主义和社会主义两条道路的现代化"。当然这种区分实际上也无助于本文中提出的关于中国的现代化的理解。见德赛，1996，《现代化概念有重新评价的必要》，西里尔·E. 布莱克编《比较现代化》，杨豫、陈祖洲译，上海：上海译文出版社，第 151 页。

② 在本文所讨论的范围内，实用主义性与实践性是两个可以互相交换使用的词语。这样有助于强调实用主义的学科严肃性和正面意义。

③ 在"技术—现代化"的发展运动脉络下，过去 30 年，中国的发展干预也经历了这样一些范式：①以工业化和产业开发为核心，工业化和产业开发作为落后地区发展的主要方式基本上是在 1990 年代以前，但是最近十几年这种工业化—产业开发的范式仍然通过基础设施建设，如高速公路建设等发展计划体现出来。②"扶贫开发"——从 1980 年代中期开始，扶贫开发逐渐成为发展干预的主要目标和范式，在 90 年代扶贫成为发展干预的基本活动。③国家—政府的扶贫开发大计在 2000 年后以整村推进为主导（在此之前小额信贷等也成为一时的首选）。

第二，国际性援助产业——NGO（非政府组织）的发展大计与社会理想图景的设想。过去 30 年，在国家发展大计的背景性影响之外，国际性援助产业的介入和由此催生的自下而上的路径（以 NGO 介入为主）也是发展干预研究的另一个重要脉络。这个脉络下的发展干预及研究，则始终与国际的援助产业当时走向紧密相关。基本上可以说这是在紧追国际变迁、实践国际发展的趋向。

以国际性发展为背景的发展干预从 1980 年代进入中国开始便强调以反贫困为核心的发展干预；国际援助产业的发展干预及研究复杂性在于，所谓"国际"包括：国际的多边和双边组织、① 这些组织委托的咨询—发展公司、国际的非政府组织（NGOs）和后来崛起的本土非政府组织等。在最近 30 年，以国际性发展为背景的干预活动也经历了"范式"的变迁。

最大的变迁是在以反贫困为核心的干预下，国际援助工业经历了从基本需求满足到目标瞄准穷人和弱势群体，再到参与式发展的变迁。在这一系列模式转变过程中，对于中国国内的发展干预来说，重要的"转向"是从"技术—现代化模式"到对社会理想图景的设想与试验。与以上范式变迁相关，可以将参与式发展看做与国际援助工业有关的干预活动及其研究的主要线索。在这个脉络下，赋权一直是参与式的核心，此外，抵抗和社会运动也在其中时隐时现。这个方向强调的是自下而上的发展，到后来还与地方化和本土化的倡导相勾连。

从现实发生的情况来看，国际援助工业及其所属系统（包括组织、项目和操作过程），最后都会或多或少与国家背景的组织和项目相互勾连，从而保证项目能够实施和运作。在这种运作过程中发展项目的大量资金和人力培训计划则为今天中国的一些企业和非

---

① 国际的多边组织指世界银行和亚洲开发银行等机构，双边组织则指一些发达国家政府的对外援助和开发机构，例如澳大利亚援助与发展署（AusAID）。

政府组织的形成提供财力和人力启动资源。①

第三，在上述两条发展干预的脉络交错下还浮现一些关于发展的人类学理论性探索和争论的线索。这条线索可以概括为：从进化式发展，到多样现代化，到后发展。②

中国的发展干预反思研究基本上是在以上三条脉络之下，特别是在前两条脉络交织之下或在两者间穿梭进行。第三条脉络虽然对于人类学来说十分重要，但在关于发展和发展干预的研究和实践中，直接与这种学术脉络相关的文献并不多，③ 因此，本文将围绕前两条脉络进行评述，对于关涉第三条脉络的问题，我们将之融进前两个方面进行辨析。这种融汇和交织也是符合于这个领域的学术和实践现状的。以下我们将选择发展干预中几个基本的项目领域进行评论，并围绕这些领域的研究和论争提出我们的看法。

一　贫困：中国的技术——现代化与反现代化模式之间的虚假"对话"

扶贫/反贫困是以国家为背景的技术—现代化发展运动和发展干预的核心议题，也是国际性援助产业的传统关注。一方面，它是"发展"作为一个问题得以出现的首要原因。另一方面，发展领域对于自身理念与实践的反思和改进也多是从这一子领域开始的。所

① 这方面可以以世界银行的某一扶贫项目为例，该项目目的是将贷款贷给中国政府用于支持乡村扶贫，在操作中除了由政府部门组织活动外，有个别分项目的贷款却是由与扶贫部门有关系的人建立的民营企业承贷承还，世行的贷款需要这个中介公司过一下手。后来表明这家公司利用贷款滞留的时间差，为自己的公司业务提供周转资金。此后该公司也成长为一家有相当规模的民营企业。

② "后发展"概念来自埃斯科瓦尔（Arturo Escobar），见埃斯科瓦尔，2000，《人类学与发展》，《人类学的趋势》，北京：社会科学文献出版社，第73～102页；埃斯科瓦尔，2008，《发展的历史，现代性的困境》，《中国农业大学学报》（社会科学版）第1期。

③ 这方面国内主要以翻译文献为主，如加德纳、刘易斯：《人类学、发展与后现代挑战》；埃斯科瓦尔：《人类学与发展》，《人类学的趋势》。

以，我们从这一子领域开始讨论。

要综述贫困/反贫困干预研究这一领域状况，首先需要弄清楚我们所谈论的"贫困"是什么现象。在此，我们先要明白日常使用中的"贫困"这一词为何物，这种"贫困"是如何被消除的等等。一般情况下使用的"贫困"是指30年前中国大地上大约2.5亿人所处的状态。这些人基本居住于乡村，即身份是农民。而这些人之所以被定义为"贫困"的则主要是因为其经济收入低下。这是我们讨论问题的一个出发点——承认"贫困"在通常意义上是指经济收入的低下和与此有关的状况，诸如每日摄入热量不足2100大卡，缺少居住的基本条件（住房）和必要的维持健康的条件，教育条件缺乏等等（在此尚不包括"社会排斥"这一1990年代之后定义贫困的条件）。①

本文作者之一朱晓阳曾在2004年发文认为：②

> 按世界银行的国别报告，过去二十年"改革引发的农村经济增长，加上得到国家财政支持的扶贫项目的实施，使中国的绝对贫困人口得以大幅度减少。官方估计，农村的贫困人口已由1978年的近2.6亿下降到1998年底的4,200万，或者说从占农村总人口的1/3下降到1/20。③

> 但是我们经历了20世纪80年代改革的人知道，这一使命

---

① 本文这样限定"贫困"和"扶贫"是为了学术讨论的清晰而考虑的。这不意味着作者看不到在这个基于经济的"贫困/扶贫"概念之下，大量的边缘化社会状态、生计困难或身体伤害却正是"扶贫"造成的。但是本文的考虑是：既然各方都在使用同一种变量及其相关数据进行讨论并支持自己的立场，那就应该将讨论限于这种变量范围内。

② 朱晓阳：《反贫困的新战略——从"不可能完成的使命"到管理穷人》，《社会学研究》2004年第2期。

③ 世界银行，2001，《国别报告：中国战胜农村贫困》，北京：中国财政经济出版社，第7页。另据国家统计局的调查，中国2000年的贫困人口为3209万人，转引自朱玲，2002，《简论中国加入世贸组织后的乡村扶贫战略》，中国扶贫基金会会刊《自立》第4期。

的完成在一定程度上与"发展工业"或"援助工业"（aid industry）的介入干系不大。这一奇迹首先是由农村改革带来的整个农业经济增长造成的。[1] 例如在改革的最初几年（1978～1984），按世界银行的说法，中国的贫困发生率由占1/3人口，即二亿五千万左右，降低到11%，人口数不足一亿。作为一种产业或工业的反贫困干预实际上是在这一奇迹发生之后才开始的。其次在宣布开始反贫困战略后的最初几年（1985～1990），中国的贫困发生率和贫困人口数不仅没有减少，反而有所增加。[2] 但是这并不防碍全球性的发展工业后来将这一成果与发展工业联系起来。例如将农村改革开始时（1978年）的农村贫困人口数与20年后的同类人口数相比，然后将20年期间减少的贫困人口平摊到每一年，其结果是看上去每年平均贫困发生率和贫困人口都呈下降趋势的。由对此数字戏法分析的结果，我可以说这种将中国农民收入的普遍增长认定为世界性反贫困的成果只不过是世界银行这样一些援助工业的巨头对这一行业的产品的本土发行人和推销人加封的不该有的荣誉而已。[3] 这里的错误很清楚，80年代初的农村普遍经济增长是为

---

[1]　改革的实质是将集体经营的土地分配给农户，因此这是属于"再分配"体制的一种调整（如果用波兰尼式的语言来说），其导致的粮食增长和农产品丰富与以"市场体系"为背景的经济发展没有什么关系。

[2]　按照世界银行的统计，1985年中国农村贫困发生率为11.9%，而到1989年上升为12.3%，1990年再降到11.5%。引自周彬彬、高鸿宾，2001，《对贫困的研究和反贫困实践的总结》，中国扶贫基金会编《中国扶贫论文精粹》（上），北京：中国经济出版社，第507页。贫困发生率再次下降发生在1992～2000年，即由30%降至5%左右。据世界银行国别报告的数据，到1998年，贫困发生率为11.5%，世界银行：《国别报告：中国战胜农村贫困》，中国财经第25页。

[3]　从时间来看，"扶贫发展工业"及其话语出现在1980年代中期，以1984年9月中共中央、国务院联合发出的《关于帮助贫困地区尽快改变面貌的通知》为标志。当时第一波的以承包责任制为中心的农村改革已经在中国农村完成。而中国农村的经济正是在80年代最初几年出现快速增长的。据刘文璞《中国农村的贫困问题》一文，当时的反贫困战略包括：建立专门的扶贫机构，设立专项基金用于贫困地区经济开发，对贫困地区实行优惠政策等。刘认为（转下页注）

了恢复经济，改善普遍的人民生活，而不是为了"扶贫"。而且按照世界银行《1990 年世界发展报告》的说法，80 年代在世界范围内是穷人被遗弃的十年。当世界银行将中国的奇迹圈入世界性的"反贫困工业"的地盘时，恐怕没想到这两种陈述在时间上的倒错。

　　1990 年代中国的农村贫困发生率和贫困人口降低应该说是与反贫困战略的实施直接相关的。按中国的统计数据从 1994 年到 2000 年，贫困发生率从 9%，降低到 3%，贫困人口 3000 万的水平。也就是说实现了中国政府的"在 20 世纪末基本解决农村贫苦人口的温饱问题"的目标。[①]

以上这些文字现在需要做一些新的补充说明。

其一，如果坚持"贫困"主要是与经济上的低下地位（以经济收入计算为基本）的社会状态相关的话，中国反贫困的主要成就是在 1985 年以前，即反贫困的干预机制或工业建立/引入之前取得的。这个时期贫困人口从 2.5 亿下降为不到 1 亿主要是由于农村的联产承包责任制等一系列政策和实践措施造成的。

其二，以上文字没有提到的另一个重要的降低"贫困"的活动是从 1980 年代初以来中国的迅速工业化。这个过程已经被很多人从不同方面和不同立场进行了描述。简言之，这个过程导致中国成为"世界工厂"，导致中国的工厂吸纳了上亿的"农民工"；这个工业化中的农民工呈现"非无产阶级化"的工人特征，呈现

（接上页注③）这是以区域和"单纯经济概念"为贫困概念。而在 20 世纪末，刘认为不用花太长时间，中国将成为没有或基本没有绝对贫困人口的国家。"但是相对贫困人口会长期存在，这部分人是指社会上收入最低的那一层……在收入差别呈迅速扩大的阶段，这部分相对贫困的人口可能成为社会不稳定的因素而更需要社会的关在。"参见刘文璞《中国农村的贫困问题》，中国扶贫基金会编《中国扶贫论文精粹》（上），第 251 页。

① 李周，2001，《社会扶贫中的政府行为比较研究》，北京：中国经济出版社，第 49 页。

"非城市化的工业化"特征,[①] 呈现打工者在乡村—城市两头的"钟摆模式"运动特征,[②] 等等。

总而言之,世界工厂——打工经济(由农民工外出就业和打工收入汇款)构成的经济收入循环是另一个贫困降低的重要因素。[③] 而以上引文提到的 1990 年代农村贫困发生率由 9% 降低到 3% 是由反贫困战略实施直接造成的说法也不准确。事实上,这个百分比的下降也与贫困地区的打工经济——劳动力输出有关。而这些离乡打工者中只有少部分是通过反贫困机构的扶贫项目"输出"的。[④]

其三,过去多年反贫困产业一方面在利用中国的反贫困业绩说事,这种说事基本上是有意或无意地混淆导致中国的贫困人口快速降低的以上两个事实与 80 年代中期以后反贫困干预的"成就",从而造成一种印象:伟大成就是由反贫困干预取得的。另一方面,反贫困干预的研究主流则一直以来对现代化模式的反贫困/发展进

---

① 经济学家乔万尼·阿瑞吉(Giovanni Arrighi)指出资本主义并不一定依靠彻底的无产阶级化。相反非无产阶级化下的资本主义发展案例比比皆是。例如意大利、瑞士、一部分非洲地区和当代中国。《资本的蜿蜒之路——乔万尼·阿瑞吉访谈》,《国外理论动态》2009 年第 8~9 期。潘毅、任焰:《农民工的隐喻:无法完成的无产阶级化》,《三农中国》(网刊),2010 年 2 月 5 日,http://www.snzg.net/article/show.php?itemid-17363/page-1.html,2010 年 2 月 10 日。

② 周大鸣,2005,《渴望生存:农民工流动的人类学考察》,广州:中山大学出版社。

③ 《农民工改变中国农村》一书也从个案研究角度,表明打工经济是减低乡村贫困的重要因素,见瑞雪·墨菲,2009,《农民工改变中国农村》,王静、黄涛译,杭州:浙江人民出版社。

④ 例如 1995~1999 年利用世界银行贷款进行的"中国西南扶贫项目"在云南、贵州和广西的 35 个县,一共组织 27 万贫困地区农民输出。根据该报告:"云南省劳动局 1993 年组织输出 48000 名民工,但估计另有 30 万人在没有任何帮助的情况下离开了家乡。贵州省劳动局 1992 年为 6 万人找到工作,大部分在广东的玩具、鞭炮、电器厂和服务业工作,另有 22 万人通过自发渠道。"见何道峰、朱晓阳,2001,《"中国西南劳务输出扶贫项目"课题主报告》,福特基金会。

行不遗余力的攻击，结果给人们造成现代化模式一无是处的印象。应该说，反贫困干预研究主流所批评的现代化应该是指 20 世纪 50 年代至 70 年代拉美、非洲等"欠发达国家"的现代化。这种现代化模式给人的一般印象是，普遍主义的"技术性"（或非意识形态性）现代化不能减少贫困[1]或这些国家出现"现代化中断"（breakdown of modernization）[2] 导致这些国家贫穷者增加更多等。

其四，更应该注意的是中国的工业化/现代化与那个被攻击的"现代化"之间有很大差别。就反贫困与农民工收入增加，从而导致乡村脱贫这个逻辑关系来说，这种工业化与世界上其他地方（主要指非西方国家）发生的工业化和城市化差别很大。可以说在关于发展/反贫困的反现代化喧嚣声中，这两种现代化的影响被混淆了。其实此工业化非彼工业化。以下这些侧面是中国工业化/现代化与一般的现代化模式的不同之处：非无产阶级化的工人（这与农民工身份和乡村户籍和土地制度等有关）；非城市化的工业化（这与乡镇企业，工人的农村户籍和乡村的集体承包制土地政策有关）；非个体主义化的"现代工人"；[3] 乡村经济高度依赖工业或非农产业的现金收入（主要由打工经济造成）；乡村社区（包括穷人）通过来自非农产业的收入，使经济收入提高——脱贫。

以上这些（包括农业土地承包经营制度）正是中国过去 30 年"另类现代化"发展的特征。中国最近 30 年之所以选择了"另类"现代化、避免所谓现代化中断等等，与中国政府和人民在"发展"道路上的实用主义信念和相应选择密切相关。邓小平作为实用主义者已经举世公认，而就本文所涉及的内容来看，实

---

①　Katy Gardner and David Lewis. 1996. *Anthropology*, *Development and the Post-modern Challenge*, London: Pluto Press.

②　A. R. 德赛，1996，《现代化概念有重新评价的必要》，西里尔·E. 布莱克编《比较现代化》，杨豫、陈祖洲译，上海：上海译文出版社，第 145 页。

③　何道峰、朱晓阳，2001，《"中国西南劳务输出扶贫项目"课题主报告》，福特基金会。

用主义性随处可见。例如这个另类现代化的核心之一——"工业化"下发生的创办乡镇企业和劳动力转移并非按照某种理想社会图景设计的，相反是"无论白猫黑猫，能抓住老鼠就是好猫"这种实用主义信念的体现。此外，"非城市化的工业化"其实并不准确，中国发生的上亿农村打工者进入的地方是"城中村"。正是城中村——提供他们栖居于城的地方，以及农民工基本上不能在城市投资（收入基本汇回家）的特点，才使贫困乡村能够歪打正着——脱贫。回顾过去 30 年的"发展"，一个有趣的现象是，以现代化发展大计和"计划"自居的国家却是无计划的或"实用主义的"；① 相反，以"自由""权利""市场"或"民间"标榜的国际"发展干预工业"及其国内追随者的社会理想图景却是充满"计划"的。

　　注意到以上这些事实后，我们可以来讨论中国的反贫困干预和对这些干预的研究是在什么样的背景之下发生的。可以说，其中很多都是在对中国的"工业化/现代化"实质认识不清楚的前提下进行的批评；是对中国的贫困消除之原因相互混淆的情况下进行的"虚假"争论和反思。

　　事实上，与我们关于中国现代化—反贫困的常识判断接近的倒是一些经济学家从宏观研究中得出的结论：

　　　　如果要根本解决农村贫困问题，新的农村发展战略必须把重点放在减少农村劳动力上……减少农村人口和劳动力还必须使流动出来的劳动力在城市非农产业部门能够找到工作，否

①　这里有必要指出，在中文语境中，"实用主义"一向有着否定性的含义，其一般的意思好像是指：没有信念、一切以实用为目的、以获取个人或小集团最大利益为目标的行为和信仰。这种实用主义与本文关于中国的"实用主义"定义差距很远。本文所称之实用主义首先是一种知识论的态度；其次，这种实用主义虽然认为没有客观真理，但是强调信念（即行为的习惯）与效用的一致就是真理；用汉语来说就是比较"务实"。再次，这种实用主义的知识论态度与孔儒所说的"敬鬼神而远之"的态度是一致的。否

则，只是把农村贫困人口变为城市无业的贫困人口，整个社会的福利并不增加……在大多数发展中国家，劳动力是其相对丰富的资源，因此劳动密集型企业具有比较优势。发展这类企业不仅能够向城市人口提供就业机会，还可以吸纳大量农村的富余劳动力，使得减少农村人口成为可能……世界银行的这一个新的农村发展战略应该对经济总体的发展战略给予更多的关注……一个发展中国家要真正解决农村贫困问题，不仅应该将农村发展放在整个国民经济发展的背景下加以思考，而且还应该实行一个正确的符合本国比较优势的国民经济总体发展战略。①

不过，以上所引经济学家对中国现代化的论述有明显的局限性。其局限性在于看不到中国的现代化（例如在农村土地承包制度框架下的劳动力转移）与经典的（包括其他欠发达国家的）现代化模式之间的巨大差异。在这里被漠视的一个明显差异是：乡村并不只是因为农村劳动力减少而相对增加农业生产的人均产出，更关键的是乡村经济高度依赖工业或非农的现金汇入、乡村社区（包括穷人）通过来自非农产业的收入，使经济收入提高，从而脱贫。

也就是说，经济学家虽然看到贫困减少与工业化的关系，但是没有解释清楚中国的工业化/现代化没有出现所谓"现代化中断"的原因，也没有说清楚导致穷人越来越多的社会—文化变量是什么。这种问题本来通过讨论应该能够弄清楚，但是由于"现代化导致贫困"的声音在人类学界和发展干预领域占主流，因此，问题就没法讨论下去了。

---

① 林毅夫，2002，《解决农村贫困问题需要有新的战略思路——评世界银行新的"惠及贫困人口的农村发展战略"》，《北京大学学报》（哲学社会科学版）第5期。

与此相反，关于贫困/反贫困的讨论在还没有说清楚中国的现代化/工业化与"贫困"的关系的前提下，就追随国际大流，将现代化模式当作反贫困干预的敌人，展开了关于中国的"贫困"和反贫困的讨论。

以下是一些针对现代化/工业化这个假设敌人的反贫困干预活动和反思。例如，扶贫到户/人——这是基于如下假设：贫困户得不到有效救助，因为穷人在乡村社区受到社会排斥，其利益与其他人的利益相矛盾。这是追随对现代化的"涓滴理论"（trickle-down theory）批评而发的。因为此种假设的现代化理论以涓滴效应为核心，而涓滴效应是子虚乌有的；因此穷人在现代化过程中必然受到抛弃，必然变得更穷。这里的问题是：中国发生的事情与涓滴理论的假设前提相差很远，中国乡村社区物质和精神资源分配是在"差序格局"式关系下进行的。

再如社会性别视角是最近 20 年来在反贫困中受到较多强调的一种干预视角，并日益成为"主流"。① 这是针对现代化模式将人

---

① 在国内发展研究领域，"将妇女纳入发展"（Women in Development，WID）是主要取向。这种取向是技术—现代化在这个领域的延伸，因此，它一般对现代化和市场机制不加批判，也不谈体制问题而只讲扩大妇女能得到的机会。有学者认为"妇女与发展"（WAD）及"性别与发展"（GAD）方式中可供借鉴的东西没有被充分发掘。在实践中，中国国内多倾向采用福利、扶贫及效率路线，具体表现为强调妇联的主导地位和社会的"关爱"。上述思维和做法的理论前提在于：贫困是妇女发展面临的最大障碍；女性更容易陷入贫困、受贫困冲击更深、更不容易脱离贫困。实际上，这是延续了政府将社会—政治问题"技术化""行政化"的一贯做法，把"社会性别"这样一个具有浓厚伦理—道德意涵的议题"经济化"了。有学者通过历史分析提出反思，论证了"国家的经济政策如何与妇女解放的策略交织在一起，如何在推动妇女走向社会的同时制造并维持社会性别差异和社会性别不平等"。中国式"家庭"是社会性别遭遇的另一个障碍。"妇女/社会性别"的概念与理论框架过于纠缠于"异"（有所谓女性特质因而要求差别对待）与"同"（男女同为人类的独立平等的个体因而要求平等权利），将"二元对立"推到了极致，而不考虑在实际的生活中男女往往并不是（至少不仅仅是）以独立"个体"存在的，而是以"家庭"为单位共同生活的。这种建构"性别主体"的做法含有启蒙主义的自大，它无视了作为社会生活根基的家庭，这就使社会性别主体（转下页注）

看做一种抽象（实则为男性）的"个体"的反动。但是性别意识将女性"个体"看做与男性绝然相对的，男和女的相对立性在家庭内也应该存在。在操作层面，性别意识倡导性的手册或培训一般要求所有需求分析都要区分男女，而反贫困的小额信贷等活动则强调必须将钱借给妇女个人。

　　还有一个例子是众所周知的"参与式发展"。从1990年代初以来，由于国际双边和多边组织，国际 NGO 的倡导，将贫困看做（个人）权利贫困逐渐成为共识，自然的解救途径便是"赋权"。参与式评估和参与式行动研究等就是以赋权为核心的活动。参与式也被应用到性别问题、环境问题和公共卫生项目之中。这里发生的问题与上述命题一样。首先，权力关系被用来指涉一切阶序性的关系。赋权论者认为，穷人之所以穷是因为"无权"（powerless）。这种论者不考虑穷人与其他人的关系（包括与社区内富人的关系）是嵌入于具有伦理性和道德性的阶序关系之中的。其次，赋权论者也与"新自由主义"信奉者一样，都是以个体主义和个人权利为本。赋权论表面上与现代化理论相反，但实际上两者异曲同工。他们漠视中国发展/反贫困实际模式与典型现代化之间的差异。如他们一般会观察到农民工的主体性，以及这种主体性是如何在工业或非农就业场域形成的。① 再次，则是知识论的问题。参与式发展提倡者基于一套相对主义的知识论，强调知识的本土性和地方性，强调只有当地人才能获得关于当地的知识。从今天

　　（接上页注①）建构的活动在发展干预实践中陷入了困境。而如同在发展的其他问题上出现的情况一样，社会性别问题最后或多或少导致了一种实用主义的解决。例如社会性别框架下的小额信贷的钱按规定必须贷给妇女，但结果往往是妇女签字借钱，交给男人去用，或者用于全家庭。这种解决是符合中国基层社会的公正观的，也是"务实"的，而一般来说，项目操作者并不会去追究这些钱到底是否被妇女使用。见高小贤，2005，《"银花赛"：20世纪50年代农村妇女的性别分工》，《社会学研究》第4期；朱晓阳，2005，《参与式时代谈建构"性别主体"的困境》，《开放时代》第1期。

① 余晓敏、潘毅，2008，《消费社会与"新生代打工妹"主体性再造》，《社会学研究》第3期。

人类学知识论的发展来看，这种相对主义的地方性和本土性知识是有问题的。①

行文至此，我们试图强调，近 20 年来反贫困领域中追随国际援助产业的非政府组织（包括其理念）对反贫困介入的意义并不在于其在实质层面的贡献（例如消除了多少贫困人口②），而在于它把"贫困"及其消除这个在政府系统中被视为经济—技术问题的议题"转向"到对中国社会理想图景的设想中去。或者说，以上谈到的对取得扶贫成就原因的混淆等等，都是在有意或无意地为了将一种"技术性"的发展大计，转变为"社会理想图景"的建构。

以下将试图阐明：这是一个虽包容各种具体目标，在主色调上却仍不失清晰的理想图景。现在让我们对其中若干目标加以具体辨析。

首先是关于贫困的定义。如上所述，在技术—现代化的背景下，贫困被不言而喻地界定为经济贫困。但是在以建构社会理想图景为目标的反贫困研究视角来看，"贫困"是一种被边缘和被排斥的社会地位。此后，从这种视角出发，贫困又被界定为"权利贫困"。这样的定义将贫困问题直接视为政治性的问题。这样也就自然而然地将扶贫活动变成自下而上的"赋权"或"社会运动"。在赋权为核心的反贫困中，参与式被寄予很高的期望。将贫困视为社会性的排斥或权利贫困，本来可以有两种相互对立的立场，一种与反现代化的"依附理论"差不多，即坚持马克思主义的阶级矛盾观和社会动员立场。另一种则基本上是

---

① 关于人类学知识论在这方面的发展综述，参见朱晓阳，2008，《"表征危机"的再思考：从戴维森（Donald Davidson）和麦克道威尔（John MacDowell）进路》，王铭铭主编《中国人类学评论》第 6 辑，世界图书出版公司，第 244~251 页。

② 就这方面而言国际发展工业和非政府组织取得的成就很有限。这通过比较贫困人口在 1980 年代中期以前和此后的降低可以看出，也可以通过计算最近 20 年来农民经济中打工收入的比重看出。

新自由主义的个体主义理念。但是在中国的发展语境中，现实中出现的基本上是混杂着两种理念的"参与式"发展——既以动员式的"群众路线"标榜，又以"赋权"和"原教旨"的参与式自居。①

其次，如何理解贫困的成因，也关联到贫困何以成为一个问题。有学者归纳出两种解释贫困的理论取向：结构性的和文化性的。② 发展干预的实践本身面对这一问题的态度，实际上暴露出其在理论上的困境。一方面，"扶贫开发"这一提法是更倾向于结构解释的，但"扶贫先扶志""治穷先治愚"等口号又明显地是文化取向。论及政府扶贫以外的反贫困，似乎又特别注重文化层面。有学者认为，必须综合考察现代中国的政治理念和行政架构，才能够理解作为问题的贫困及其长期存在的原因。③ 虽然这样一个结论与弗格森对拉美地区发展项目那种福柯式权力—知识解构取向的分析④极为类似，但仍需承认这样一种结论仍然具有相当程度的解释力和适用性。一方面，此类研究突出了国家本身的政治理念和行政运作是中国发展研究的重要一环，其源起于第三世界的发展研究的不同事实和理论改进。另一方面，它也提醒我们，贫困本身是如何嵌在现代政治/行政架构之中的。与之相关，这也涉及"参与式"本身的一个内在困境：它的目标和价值是（个体的）平等的，而其实施过程必然依赖于组织本身；即使没有强大的国家体制的存

---

① 参与式发展的协作者们经常以毛泽东的"从群众中来到群众中去"自我调侃，参与式发展经常表现为一些动员群众参加的仪式。有关批评见朱晓阳《反贫困·人类学田野快餐·援助工业》，中国扶贫基金会会刊《自立》2002 年第 4、5 期；而坚持参与式是赋权者，例如坊间流行的一些关于"参与式发展"的概论书籍常常自称"原教旨"参与式。

② 周怡，2002，《贫困研究：结构解释与文化解释的对垒》，《社会学研究》第 3 期。

③ 杨小柳，2008，《参与式行动：来自凉山彝族地区的发展研究》，北京：民族出版社，第 301 页。

④ James Ferguson. 1990. *The Anti-Politics Machine*："*Development*"，*Depoliticization*，*and Bureaucratic Power in Lesotho*. Cambridge：Cambridge University Press.

在，它也面临着平等的（政治）目标与等级化的（行政）现实间的根本悖论。

再次，我们可以进一步考察"如何应对贫困"这个问题。国家/政府层面的扶贫工作倾向于把贫困问题化约为经济—技术问题，所以，"改善自然环境、加强基础设施建设、扶持产业发展"等提法成为各类文件及政策建议的主要内容。在这样的导向下，"劳动力"这一概念也就成为对（穷）人/目标群体关注的主要预设。同时，这样一种经济—技术的视角与行政机构本身的官僚制特点是相互契合的。① 值得进一步考察的是非政府组织的反贫困与国家/政府体系在这个问题上的遭遇。有学者以"参与式"（理念与实践）为例考察了这一过程。② 在这种遭遇中发生的一个情况是相互误读。因此，重要的问题是，怎么评价这种误读？是据此批评改造现有政治/行政机制，同时把参与式不仅作为技术而且作为一整套价值观和机制全面地引进？还是构思并立足于一套自身的政治理念和行政机制的理想图景，进而探索一种切合实际的发展模式？③ 实际上相当一部分学者并非"不注重'参与'本身所暗含的西方权力和民主内容"，恰恰相反，他们清楚地意识到了这一点，④ 这当然也是在学界和政界颇有市场的一种声音。在种种零散、互不相属的发展/社会运动领域之间，作者明确地想象出一个"新的公共生活图景"——"公民社会"。在此，我们看到的不再是误读，而是中国经验与西方理论的"完美对接"。

----

① 这里所说的"官僚制"是在韦伯的意义上使用的。在韦伯的理论意图中，官僚制作为政治理性化的必然趋势有其优点，但也会成为"牢笼"般的桎梏，即使是"克里斯玛"也难以克服。但就中国现实而言，或许是既没有达到纯粹官僚制那种理性化，又相当具有牢笼色彩。从这个意义上来讲，关于中国的发展研究也相当于对中国现代官僚行政体制及其运行机制的研究。

② 杨小柳，2008，《参与式行动：来自凉山彝族地区的发展研究》，北京：民族出版社。

③ 社会保障/工作领域的学术思考或许具有借鉴意义，参见王思斌，2001，《中国社会的求—助关系——制度与文化的视角》，《社会学研究》第4期。

④ 朱健刚，2007，《当代中国公民社会的成长和创新》，《探索与争鸣》第6期。

必须承认，对这一问题的探讨直接涉及一些根本性的问题。[1] 可以作为对比性思考的是持续若干年的"村治研究"，两者的类似之处在于政治理想/制度层面的"自下而上"的论证与推进。[2] 并不是说"自下而上"的方式一定不能成功或只是局部的经验，没有整体的理论想象力，[3] 但相比较而言，"公民社会"的取向或许比村治研究更为缺少对经验现实的深入考察和价值追求上的正当性。

与参与式直接相关的另一个词语是"权力"。可以说将发展干预中的穷人与其他群体、社区与国家、男人与女人、少数民族与汉族等等的关系用"权力关系"来概括是一种比较常见的现象。这种权力化约论受到福柯的影响。在这种权力—知识论的影响下，人际关系的其他面向，特别是基于伦理、价值、知识等等的阶序性差别都被化约为权力不平等。

此外，"参与式"的理念和实践的一个主要支撑点和对象是所谓本土社区和地方性知识。正如有研究已经指出的那样，这在某种

---

[1]　一方面，很多研究是在探讨现实离"公民社会"还有多远，还有哪些障碍，如俞可平，2006，《中国公民社会：概念、分类与制度环境》，《中国社会科学》第 1 期；朱健刚，2004，《草根 NGO 与中国公民社会的成长》，《开放时代》第 6 期。另一方面，也有学者追溯其理论根源，如高丙中，2006，《社团合作与中国公民社会的有机团结》，《中国社会科学》第 3 期。但我们对其总体的质疑是，它是否是中国政治—社会的理想图景。梳理这一问题，或许可以以阿伦特及哈贝马斯等德国传统思考法国"社会学传统"的局限，以及两者之间的差异。参见阿伦特，2009，《人的境况》，王寅丽译，上海：上海人民出版社。特别是其对现代世界中"社会的兴起"与"政治的衰落"这一历史事实及其思想史意义的判断与分析。实际上，如果我们细读托克维尔对于 19 世纪上半叶美国社会的描述与分析，就会明了当时的合众国决非一个"原子式个人主义"的"公民社会"，参见托克维尔，1988，《论美国的民主》，董果良译，商务印书馆，第 65～92 页。

[2]　吴毅、李德瑞，2007，《二十年农村政治研究的演进与转向——兼论一段公共学术运动的兴起与终结》，《开放时代》第 2 期。

[3]　比如，梁漱溟的乡村建设思想实际上是一套完整的对于中国现代社会的构思。吴飞，2005，《梁漱溟的"新礼俗"——读梁漱溟的〈乡村建设理论〉》，《社会学研究》第 5 期。

程度上是带有东方学意味的想象。① 这就要求我们不能把当地居民/"目标群体"的思想和行为本质化。而且就知识论而言，今天应该考虑的是如何使本土知识或地方性知识与外在的知识相互印证。当前这样的路径以人类学中的"实用主义转向"为代表。②

　　总而言之，上述研究使我们认识到：①在面对以国家为背景的另类现代化/工业化对于减缓贫困的实质性作用时，很少人将贫困/反贫困问题纳入到对另类现代化模式本身的思考中去。这种反思应该会揭开这种实用主义导向的另类现代化与其他社会的现代化和贫困问题关系方面的根本不同。②非政府层面由于对"现代化"甚至对"国家"表征怀着一种根深蒂固的国家/社会二元对立观念，也几乎没有去深究此国家非彼国家的现实，因而基本无视中国的另类现代化（在国家表征之下）能够大举减低贫困这一不争事实。他们所采取的方式是不仅仅就反贫困谈反贫困，还将反贫困变成一项建构新社会理想图景的乌托邦试验。可想而知，他们的答案不能令人完全满意。这里有太多拿来主义的色彩、太少对历史传统的关照；③太多"筑造"（building）、太少"栖居"（dwelling）或实用主义的视角。④ ③以上来自两种立场的对中国现代化与贫困的误

---

① 杨小柳，《参与式行动：来自凉山彝族地区的发展研究》，第 309 页；张晓琼，2005，《变迁与发展：云南布朗山布朗族社会研究》，北京：民族出版社，第 303～304 页。

② 这方面的代表研究，见 Kirsten Hastrup, 2007，《迈向实用主义的社会人类学？》，谭颖译，《中国农业大学学报》（社会科学版）第 4 期。

③ 对这种"拿来主义"应该进行政治经济学分析。实际上追随国际发展产业话语本身是这一工业"资源争取"和资源分配（distribution）的一部分。我们有理由相信在这个领域中，许多追随国际发展产业巨头说话的组织和机构，在很大程度上是为了自己的机构发展和更多资源获取而在项目建议书中谈论"参与式""性别意识"等等。

④ 关于"筑造"和"栖居"，见海德格尔，2005，《筑·居·思》，《演讲与论文集》，孙周兴译，北京：三联书店，第 152～171 页；相关的国内学者研究，见陈小文，2009，《建筑中的神性》，《世界哲学》第 4 期，张廷国，2009，《建筑就是"让安居"——海德格尔论建筑的本质》，《世界哲学》第 4 期。从人类学的角度谈论"栖居视角"，参见 Tim Ingold. 2003. *The Perception of the Environment：Essays on Livelihood、Dwelling and Skill*. New York：Routledge。

读，使发展研究直到今天在面向世界总结所谓中国模式的时候仍然语焉不详。至今为止除了泛泛谈论"现代化—工业化"的作用外，就是谈论参与式的作用。这些关于"中国模式"的齐唱，一方面在误导其他想要学习"中国秘诀"的发展中国家，另一方面也遮蔽了对中国经验的总结。①

三　生态保护与环境

生态保护/环境问题是当代发展干预实践的一个核心领域，与扶贫/反贫困领域相比，它在国家意识形态和非政府组织的宣传、大众媒体的报道以及学术研究各个层面得到了更为系统的理论表达。另外，这一领域更为明显地反映出经济/文化（意识形态）/政治之间的紧密关联——生态/环境似乎是一种当人们满足了温饱之后才有可能去追求的一种权利。更为重要的是，这些问题的背景是全球性不平等的政治经济格局（最明显的如温室气体排放问题）。②

---

① 某些从地方社会的历史视角出发的研究虽然凤毛麟角，但拥有更多可取之处，例如沈红对贵州石门的研究，见沈红，2007，《结构与主体：激荡的文化社区石门坎》，北京：社会科学文献出版社。此外，例如汪晖将目前包括当下发展干预模式（如以"民间""社会"和"公民社会"等旗帜出现）等现象归结进"新自由主义"而进行批评，参见汪晖，2008，《中国"新自由主义"的历史根源——再论当代中国大陆的思想状况与现代性问题》，《去政治化的政治：短20 世纪的终结与90 年代》，北京：生活·读书·新知三联书店，第98～155页。这类论述类似于萨林斯对后现代与新自由主义结盟的批评，萨林斯，2009，《后现代主义、新自由主义、文化和人性》，罗杨译，王铭铭主编《中国人类学评论》第9 辑，北京：世界图书出版公司，第140～150 页。

② 国内有学者已就此做出分析，见强世功，2009，《"碳政治"：新型国际政治与中国的战略抉择》，2009 年 10 月 24 日，http://www.sociologyol.org/yanjiubankuai/tuijianyuedu/tuijianyueduliebiao/2009 - 10 - 24/8996.html，2009 年12 月 12 日。同时，需要提请读者注意的是，西方人类学者对环保/生态问题已经有了相当深入的研究，就笔者所见如，Kay Milton. 1996. *Environmentalism and Cultural Theory*：*Exploring the Role of Anthropology in Environmental Discourse*. London：Routledge（米尔顿，2007，《环境决定论与文化理论：对 （转下页注）

　　生态/"自然"一直处于人类学家思考的核心或作为背景。列维—斯特劳斯结构主义学说的一个重要线索就是"自然—文化（社会）"的二元对立；列氏与此紧密相关的另一著名提法——"高贵的野蛮人"，与当今的生态话语有着实质性的关联。在美国，延续新进化论、明确地处理生态问题的是"文化生态学"学派及其后的文化唯物主义。就中国而言，一方面需要提到 20 世纪五六十年代的"经济文化类型"理论，该理论源于苏联民族学，也有着美国"文化区"理论的影子，强调从生物多样性和文化多样性整合的角度去理解各种生计方式的复杂性。另一方面，该理论与马克思主义社会形态论在特殊的历史语境中实际上形成了互补，即以后者为基本原则，前者作为具体操作方法。最近 20 年，国内的生态人类学研究已经具有相当规模。

　　回顾一下近十几年来国内社会生活中的一些关键词或提法：太湖蓝藻，沙尘暴，金沙江水电站，藏羚羊，退耕还林，生物多样性—文化多样性，环评风暴，环境友好和资源节约型社会，"只有一个地球"，天人合一，敬畏自然与无须敬畏自然，传统生态智慧，本土知识，与大自然和谐相处的少数民族（农民），缺乏环保意识的少数民族（农民），生态博物馆等等。这些词汇或提法表明生态问题既有在各个特殊地域的具体表现，又关联着全球性的宏观趋势。但是国内知识界对于此类问题的讨论常有的状况是未能强调学者的职业伦理及其与普通民众一般性意见的不同，以至于有流于意识形态化和空泛争论之嫌。

　　对于非政府组织或个人来讲，我们大致可以认为他们所秉持的

（接上页注②）环境话语中的人类学角色的探讨》，袁同凯、周建新译，北京：民族出版社）；Kay Milton. 2002. *Loving Nature：Towards an Ecology of Emotion.* London：Routledge。在后一本著作中，米尔顿通过对"科学"与"宗教""情感"与"理性""自然"等观念的思想史和社会史的考察，向读者揭示了西方社会保护自然运动的复杂内涵。在笔者看来，后两个研究的一个重要意义在于，提醒我们不仅仅从国际政治经济格局的复杂性角度去看待所谓"气候政治"问题，而更要深入地理解环境问题是如何从欧美现代社会及其思想传统中生发出来的。

理念、所要达成的目标以及所凭借的操作手段主要来自国际主流价值观，即全球视野下的生物多样性—文化多样性、本土知识和参与式导向（包括社区层面的和个人层面的）。① 绝不是说"国际主流价值"一定有问题。关键在于，至少与扶贫/反贫困领域相比，生态/环境的实践和话语最为突出地呈现了全球性视角与地方性知识的结合，更准确地讲，是前者主动甚至强加给后者。② 在这一点上，相对于政府和非政府组织在扶贫/反贫困领域的"完美契合"，非政府组织更多地扮演了反对派的角色。与之相对应，政府不仅需要努力建构自身的理论/意识形态体系，更要面对（地方）行政行为/经济发展层面的几近失控的扩张。

本文将列举几个个案，并尝试勾勒出当代中国社会中作为一种话语和实践的"生态保护/环境问题"。这些主题虽然看似零散，但也包含了一些具有典型意义的地域或问题。它们是：云南的刀耕火种及橡胶林种植，内蒙古牧区的草原沙化，金沙江虎跳峡的大坝建设。本文一方面试图引入晚近的文化理论，另一方面也希望能够对现实的"生态问题"及其人为干预有所助益。

云南境内至今仍有相当比例的"刀耕火种"生计方式的存在。它表面的神秘性和"落后性"早已引发人类学家的关注，学界对其已经有相当深入的研究。③ 概括言之，这方面的人类学学者试图传达的观念是："刀耕火种"作为一种生计方式和文化类型具有其自身独特的逻辑和价值。我们从中应当不仅能够看到活生生的

---

① 比如，这可以从它们活动资金的来源得到部分证明：以国内著名环保组织"自然之友"为例，其运行经费的近60%由国际机构捐助，近30%由企业和国内机构捐助，见自然之友，2008，《自然之友2007年度报告》，http://www.fon.org.cn/download.php？aid＝54，2009年12月12日，第35页。而从其历史来讲，自然之友恰恰又是一个地道的中国"民间"组织。

② 与之形成反差的是，国内另一致力于环境教育、乡村教育和公民教育的非政府组织"北京天下溪教育咨询中心"宣称其指导思想来源于《老子》。见其中心简介，http://www.brooks.ngo.cn/other/about.php，2009年12月12日。

③ 尹绍亭，2008，《远去的山火——人类学视野中的刀耕火种》，昆明：云南人民出版社。

"本土知识",也能够看到它事实上满足了主流社会对于所谓"生物—文化多样性"的迷恋。根据相关研究,"刀耕火种"的逐渐衰败主要有两个原因:①20 世纪的林业制度变迁——相当一部分森林被国家划为国有林或保护区,致使轮作所需要的大面积森林被切割和缩减,而当地居民迫于人口压力不得不缩短轮作间歇,被动地违反了自然规律,最终陷入恶性循环。②橡胶林的引入及大面积种植。这一举措首先源于国家的经济战略,后又因当地居民及民间资本卷入市场经济而一直不可收拾——大面积的人工橡胶林种植带来了巨大利润,对于当地的生态破坏却是毁灭性的。由此我们可以看出,当地居民并不是"本土知识"天然的和强有力的护卫者,他们既可能被动地、也可能主动地放弃所谓"本土知识"。当然,我们不应该忘记,他们的行为一定要联系到他们所陷入的政治经济体系,这样才能够得到一个完整的解释。由此我们还可以明白,基于一种全球视野的对于生物—文化多样性的追求并不一定是"本土知识"的题中之义,当地居民也不一定能够理解、认同那样的一种追求并为之努力。

　　这里提出的问题是:人类学此时能够提供什么样的教益?同样是面对业已陷入恶性循环的"刀耕火种"和外界的生态诉求,有学者以事实说明一种整体性的、兼顾生态要求与本土人民生计的成功干预的可能。[1]

　　第二个案例可以称为"草原—沙尘暴—牧民"。由于沙尘暴在华北地区的肆虐,内蒙古地区的草场沙化问题早已引起人们的关注。人们已经认识到过度放牧是导致这一问题的直接原因。但现行的禁牧、生态移民政策似乎过于简单地将过度放牧归结为人口压力所致。[2] 这就提醒我们,必须把牧区现时的生态困境纳入一个长时

---

[1]　庄孔韶,2007,《重建族群生态系统:技术支持与文化自救——广西、云南的两个应用人类学个案》,《甘肃理论学刊》第 4 期。

[2]　王晓毅,2007,《家庭经营的牧民——锡林浩特希塔嘎查调查》,《中国农业大学学报》(社会科学版)第 4 期。

段的、整体性的分析框架。有学者专门探讨了牧区的半农半牧机制，① 强调对于这样一种机制的完整理解，必须将其放到牧区长时段的汉族移民史中才有可能。②

此外，我们关心的是如何理解当地牧民在生态恶化中应承担的责任、在生态改善中可能发挥的作用。从前述观点可以看出，必须联系到外在的强大政治经济体系才能够对牧民的行为做出一个合理的解释，这已经得到相关研究的呼应。③ 至于当地牧民的"本土知识"，一方面，有学者提出，应该注意牧民对于草场、放牧是有着自己独特的理解的。④ 换句话说，当地牧民对于当前的牧区生态危机是"最有发言权的"。⑤ 另一方面，也应看到，牧民面对强大的政治经济体系基本上是无能为力的，他们并不是天然的和强有力的生态保护者："游牧行为基本上与有意识的环境保护无关，其时实在只是由于人口稀、家畜少而使环境客观上得到了保护……不能一概认为是传统牧民就一定会存在环境保护的意识。"⑥ 具体地讲，就是牧民的生态智慧只可能在其经济上的弱势地位得到改善时才有机会发挥。

最后一个例子是水电开发及与之相关的移民搬迁。这无疑是生态问题的一个重要方面，对于至今仍把水电作为能源战略关键一环的中国来讲，更是如此。2004 年至 2005 年的关于金沙江虎跳峡水

① 阿拉腾，2004，《半农半牧地区自然资源的利用——内蒙古察右后旗阿达日嘎嘎查的人类学田野考察》，《西北民族研究》第 4 期。

② 阿拉腾，2006，《文化的变迁：一个嘎查的故事》，北京：民族出版社。

③ 章邵增，2007，《阿拉善的骆驼和人的故事：总体社会事实的民族志》，郑也夫等主编《北大清华人大社会学硕士论文选编 2007》，济南：山东人民出版社，第 214～267 页。

④ 阿拉腾，2006，《文化的变迁：一个嘎查的故事》，北京：民族出版社，第 128～144 页。

⑤ 章邵增，2007，《阿拉善的骆驼和人的故事：总体社会事实的民族志》，《北大清华人大社会学硕士论文选编 2007》，济南：山东人民出版社，第 251～253 页。

⑥ 阿拉腾，2006，《文化的变迁：一个嘎查的故事》，北京：民族出版社。

电站（大坝）兴建与否的争论由于其激烈和公开程度而引起人们的极大关注。此次事件的一个标志性文本是反对方的集体宣言《留住虎跳峡、留住长江第一湾》。① 我们首先需要注意的是，此次争论中反对方的一个核心人物是一位出生于当地的人类学者——萧亮中。② 我们从这场争论中可以得到的第一个启示是：学者对于政府行为的直接干预如何成为可能，又如何将之建立在自己扎实的学术研究之上，从而有别于一般的社会活动家。③ 第二个启示是：当地居民的"文化自觉"和"理性算计"能够充分地表现。他们能够在地方精英的组织下团结起来，同时运用一切可能的机会向外界发出自己的声音。在此过程中，他们还能够"综合地"运用种种理由为自己争理（虽然这些理由源于不同立场）。④ 需要注意的是，这是一场针锋相对的论战。双方都自认为占据了道德和理性上的合法性，⑤ 反对大坝建设者被斥为"伪环保"。这场争论的关键之处，可能不仅在于支持（建坝）方试图用科学给出一个整体性的辩护方案，或许更在于他们声称他们更了解"当地人"的"真实想法"。

在这样一幅复杂的图景背后，我们应该看到，国家能源战略（优先发展水电）和垄断性产业（如水电）的紧密相关是这类事件中最不可忽视的背景因素。

如前所述，生态保护/环境问题相比扶贫/反贫困的议题更为突

---

① 汪永晨、薛野、汪晖等，2004，《留住虎跳峡、留住长江第一湾》，《天涯》第5期。

② 他在争论爆发之前就已经对当地的生态环境、语言状况、家族—婚姻制度、宗教制度、地域崇拜、民族关系史、移民史，与外部政治经济体系的互动等方面做出了精彩的民族志书写。萧亮中，2004，《车轴：一个遥远村落的新民族志》，南宁：广西人民出版社。

③ 汪晖，2005，《金沙江之子——追忆萧亮中》，《天涯》第5期。

④ 萧亮中，2005，《金沙江农民的理性诉求》，《中国社会导刊》第16期。

⑤ 何祚麻，2005，《"中国水电开发与环境保护高层论坛"观点摘要》，《中国三峡建设》第6期；方舟子，2006，《"保护文化多样性"的名义》，《当代人》第12期。

出地表明了政治/经济/文化等因素的不可分割。进一步讲，任何关于生态/环境问题上的立场，不同程度上就是一幅关于人类生活图景的可能构想，或是某种意识形态的辩护。

从生态保护/环境问题中凸显的一个人类学问题是，几十年来人类学当作法宝的"地方性知识"和有意无意坚持的"原始生态智慧"神话（这与"高贵的野蛮人"同出一辙）正使他们处于前所未有的尴尬境地。在面对类似问题时，西方的同行，例如欧洲一些人类学家的一个走向是主动超越相对主义旗帜下的"地方性知识"，转向"实用主义启蒙"，以"彻底解释"（radical interpretation）来重新表明人类学对生态保护的义务和责任。① 中国人类学界才刚开始意识到这一点，并开始另外一条寻找生态保护的社会力量的途径。②

四　结论

本文试图通过对与发展干预有关的人类学（内外）的论述进行述评，从而对以下这些问题获得较清晰的认识。

第一，在中国朝向"发展援助输出国"转变的时刻，重新理解中国的发展干预之路具有重要的理论和实践意义。这就涉及对过去 30 年中国的工业化/现代化特征的重新认识。我们认为，关于发展干预的人类学（或内外）讨论应该从对中国的现代化的"另类性"深入理解开始。这是我们在一开始就对中国的现代化与贫困问题间关系进行辨析的原因。在对贫困/反贫困、生态保护/环境等问题的研究进行评述之后，我们深感许多研究中包含的一个"混

---

① 见 Kirsten Hastrup，"The Pragmatic Enlightenment：The Role of Radical Interpretation in Anthropology"和"Global Climate Change：A Watershed in Anthropology？"分别在北京大学和中国农业大学的演讲题目，北京，2009 年 5 月 27、29 日。
② 朱晓阳，2008，《黑地·病地·失地——滇池小村的地志与斯科特进路的问题》，《中国农业大学学报》（社会科学版）第 2 期。

乱"（confusion）是在对中国的现代化理解的问题上。例如在世界援助产业话语下，"贫困"往往被视为现代化的伴随结果，但中国的情况是绝大多数贫困人口减少是中国式现代化过程的结果。再如，在生态保护方面，当下的思维往往会习惯于寻找"原始生态智慧"，实际上这种"智慧"基本上是现代性之中的"他者"幻觉。而在现实中，寻找和利用这些原始生态智慧的"社区"（他者）已经成了"上穷碧落下黄泉"的活动。

第二，与上一个问题有关的是"地方性"和"本土性"。过去20年对这些东西的倡导，往往是基于一种后现代的观念，作为反对"技术—现代化"这个表征的武器。这里的问题是，本土性和地方性被一些"后现代"的"东方学"所绑架，被不可共度性、不可翻译性等预设所劫持。而这是需要颠覆的虚伪假设。这些观念认为，地方知识只有本地人才能认识。这些知识是与本地人的语言和世界看法等共构的（相对主义）。这种人类学相对主义被发展干预倡导者用来表明只有当地人才能理解什么是他们需要的发展。这种文化相对主义又同"权力化约论"结合在一起，经常将当地知识与外来知识之间的差别等同于"权力关系"，从而排除了地方知识通过与普遍性经验（常常为外来者持有）对话获得普适性的可能。

今天对于这种问题的克服是将地方知识放到"彻底解释"的非相对主义框架下来理解。① 在这种框架下，不再将地方性、本土性和多元性看作与现代化不相共度或不相容（incompatible）的东西。"彻底解释"的引入，也使人类学重新强调"田野调查"和"民族志"作为知识基础的重要性。在"彻底解释"的时代，地方性、本土性知识的理论化和普适化是通过民族志作者和当地人对话获得的。对于民族志作者来说，在一个地方通过参与观察和对话、

① Donald Davidson. 1985. *Radical Interpretation*, in *Inquires into Truth and Interpretation*, pp. 125 – 139, Oxford：Clarendon Press. 戴维森，2005，《行动、理性和真理》，朱志方译，欧阳康主编《当代英美著名哲学家学术自述》，北京：人民出版社，第 87~88 页。

写成民族志正是彻底解释的基础。这种彻底解释与猜想性的和无休止的解释学论争之间的最大区别就是，是基于民族志作者和当地人面对的共同世界，是基于共同的"观察"。如彻底解释的民族志作者比较重视"地志"（topography）或物质性（materiality）等。

第三，这些使我们反过来思考诸如"权力"这样一些被滥用的词汇。总而言之，在过去二三十年间，"权力关系"被用来描述一切具有阶序性或不平等性特征的现象，关于"贫困"（指权利贫困）就是指一种不平等的"权力关系"存在于穷人与其他人之间，而且被视为最主要的关系。如上所述，"权力关系"也被用来替代包括地方知识或本土知识与外来知识之间的关系。权力关系的一个根本缺陷是将多样的关系特征化约为"支配/抵抗"关系，从而将复杂的发展干预问题化约为"抵抗运动"，同时，将地方性认识与外来认识相结合、生产普遍性知识的可能性被遮蔽了。当知识不再被看成仅仅与权力相联系的时候，知识和"事实"与价值/伦理的联系也正在被承认。[①] 这种实用主义的知识论正是今天所需要的，这种认识论态度也是同中国过去30年的实用主义导向的"发展"现实相称的。

通过对以上问题的反思，我们将过去20年来由于倡导相对主义的"本土知识"和为了避免进入"权力关系"而遮遮掩掩的发展干预者的伦理和责任重新提出。[②] 在这一点上，需要充满勇气站出来大声倡导。简言之，关于中国的发展干预的研究和实践应当进入更自觉的"对话"和"干预"的时代。所谓"对话"是指地方性知识不再只是本地人持有的，只有由他们自己来表述，只有通过

---

① 希拉里·普特南，2006，《事实与价值二分法的崩溃》，应奇译，北京：东方出版社。

② 这种遮遮掩掩在一定程度上是由于认识论框架的局限性而被视而不见的，例如本文在关于生态保护的部分指出："生态/环境的实践和话语最为突出地呈现了全球性视角与地方性知识的结合，更准确地讲，是前者主动甚至强加于后者的'结合'。"也就是说，当下的生态保护系统实际上是在行使"施惠原则"或"我族中心主义"，但自己不自知，或者装作不知。

钻入其体内才能获得的东西；而是说这是一种可以通过"彻底解释"获得的，可以具有普遍性意义的知识。这种知识的获取与解释者（干预者）的伦理（价值）态度和知识之间是可以相容的。这里会有"权力"问题，但是不应该认为仅仅包含"权力"。更重要的在于，当我们通过评述过去30年中国的发展和现代化之路的"实用主义"取向时，我们必须同时在认识论的层次与这种"务实"或实践性的态度相契合。也就是说我们必须在认识论层次上做出相应的转向，这样才能使我们对中国的发展干预实践有更贴近真理的认识。

少数民族视角的
发展观与发展援助

侯远高[*]

摘　要： 围绕实现联合国千年发展目标和中国政府彻底消除贫困的决心，以中国政府、国际组织和 NGO 针对少数民族的发展援助为研究对象，分析民族地区扶贫和发展援助中存在的核心问题，梳理与少数民族发展相关的基本概念，讨论少数民族的立场和诉求如何在发展援助中得到尊重和体现，着重提出少数民族视角的发展观和发展援助的基本原则，以贯彻少数民族在发展中的主体性和整体性。此研究报告对于摆脱政府和 NGO 在少数民族发展援助中面临的困境具有现实意义。

关键词： 少数民族　发展主体　发展援助

自 20 世纪 80 年代以来，中国政府和国际社会围绕中国少数民族的贫困问题展开了长期努力，投入了相当可观的资源，也取得了显著成绩，使绝对贫困人口大幅度减少。但是，在国家高速发展的

---

* 侯远高，中央民族大学民族与社会学学院。

大背景下，少数民族地区与中国汉族地区的发展差距不仅没有缩小，反而有进一步扩大的趋势。大多数少数民族处于整体贫困的状态并没有得到根本性的改变。

据《中国民族报》2008 年 10 月 10 日公布的数据显示：2007 年，民族自治地方农村绝对贫困与低收入人口合计数量占全国（4319.5 万人）的比重为 52.2%，比上年（44.5%）上升 7.7 个百分点。这个新的数据说明：随着扶贫开发的进一步深入，我国剩余贫困人口越来越集中分布在少数民族地区。少数民族贫困人口已经成为中国贫困人口的主体。这个带有根本性的变化，揭示出中国的扶贫工作将以少数民族为主要目标人群，中国政府未来的扶贫策略必须针对少数民族贫困问题的特殊性而做出重大调整。

有鉴于此，本文力图从少数民族的视角检讨民族地区扶贫及发展干预中存在的问题，讨论少数民族对于发展的根本诉求以及少数民族的立场如何在发展干预中得到尊重和体现？以何种方式和途径入手才能切实培育起少数民族社区社群的自我发展能力？提出少数民族视角的发展观和发展援助的基本原则，以贯彻少数民族在发展中的主体性和整体性。

一　民族地区扶贫及发展干预中存在的核心问题

中国实行改革开放政策以来，在少数民族地区实施发展援助项目的组织和机构越来越多，包括多边和双边国际援助机构、国际 NGO 和中国本土 NGO，呈现发展干预主体越来越多元化的趋势。因此，尽管中国政府仍然是发展干预的主导力量，但发展领域的国际合作以及社会自救已经成为一种趋势。经过对各种发展干预主体在少数民族地区开展项目的比较研究，我们大致可以概括出以下几个问题。

1. 扶贫议题的单一性与少数民族发展的整体性之间的矛盾

中国政府、国际发展援助机构和国内外 NGO 开展扶贫工作的目标都是围绕解决贫困人口的温饱问题而展开的，把跨越贫困线作为目的。主要关注贫困人口的个体经济需求，只关心项目期限内目标人群的经济发展情况，没有把各个少数民族作为整体来看待，不关心每个民族共同体的整体发展目标和内在需求。事实上，少数民族的贫困是综合因素造成的，与整个民族的社会文化处境密切关联，不改变少数民族不断被边缘化的命运，就不可能彻底解决少数民族的贫困问题。

2. 缺乏文化敏感性和适应性是扶贫开发中普遍存在的问题

中国 55 个少数民族都有自己区别于其他民族的文化和传统，越是在边远贫困地区，其文化特性保持得就越完整。但是，在扶贫领域，大多数机构并不考虑这种文化差别，忽视少数民族文化对经济和社会发展的决定性影响。通常的做法是强力推行国外或者汉族地区的发展经验和模式，不能基于少数民族文化和现实处境制定发展规划和设计项目，甚至秉承社会进化论思想和现代化理论，把少数民族乡村民众的思想观念和农牧业传统视为发展障碍或制约因素，欲除之而后快。事实上，认识地方文化是开展更适合当地发展项目的关键。外来价值观在民族地区的强力跨文化实践，一定会招致文化排斥和文化挫折，不仅不能解决贫困问题，反而种下了无数祸根。

3. 没有注重培育发展主体，缺少推动少数民族公民社会建设的责任和意识

在中国的扶贫领域，通常的做法都是依靠政府的行政系统，自上而下地开展工作。政府如此，大多数国际组织和本土 NGO 也如此，真正在民族地区独立开展工作或者是依靠当地民间组织实施的项目不多。国内外的基金会和慈善机构从企业和民众中募集到的资金和物资，最后还是落到地方政府手上，由各级政府官员去组织实施项目。只是把少数民族民众当成项目的参与者和受益人，没有赋予他们作为发展主体的权利和培养他们的能力。不愿意把精力用在培育和支持少数民族地区的 NGO 和农村合作组织的发展上。

二　主体性与少数民族视角的发展观

1. 关于少数民族发展的若干理论和认识问题

我们注意到，无论是从事发展援助的机构还是个人，对于与少数民族发展相关的许多基本认识都存在严重分歧，大家实际上根本没有形成统一的认识基础。如果不讨论清楚这些核心概念和基本问题，就没有办法深入探讨发展观与发展策略的问题。

（1）谁是发展的主体？

对发展主体的认识有两种观点，一种是单一主体论，一种是多元主体论。单一主体论认为只有发展对象才是主体。就少数民族发展而言，作为发展项目目标人群的少数民族才是发展主体，而其他推动发展的外部力量不是发展主体，而是发展干预主体。多元主体论认为参与和推动发展的各方都是主体，政府、国际组织、NGO和发展干预的对象都是主体的一部分。多元主体论强调不仅发展对象自己要承担发展的责任和享有发展的权利，政府、国际组织、NGO、企业、媒体等各种力量都应该把帮助少数民族发展当成自己的义务和责任。

但是，多元主体论混淆了发展对象和外部发展干预力量之间在利益、诉求、动机和立场上的根本差别。忽视了参与和推动发展的各方在力量上的不平衡和权利上的不平等。主客不分的结果导致责任不清和权利不明。作为强势的外部发展干预力量容易反客为主，无视发展援助对象的话语权和利益诉求。特别是以各民族代表自居的各级政府，不仅习惯了大包大揽，甚至习惯了替民做主，使发展对象处在被动参与甚至强迫参与的境地。政府在包不起也揽不了的情况下，在决策失误或者不作为的情况下，又把责任推给发展对象自己来承担。当发展对象的参与欲望不强甚至抗拒变迁的时候，就把愚昧落后的帽子扣在发展对象头上。

因此，我们主张单一主体论以声张发展对象的权利和义务。强调发展不是赐予而是自觉行为。尊重和体现少数民族的主体性是所有发展援助方应该遵循的最基本的原则和策略。"只有以少数民族为主体的发展，才能维护民族文化的整体性，使西部在经济、社会、政治和文化各方面得到协调发展，并在发展中增进社会稳定和民族团结。要以西部地区当地人民为主体进行西部开发，就必须转变目前国家政府作为西部开发主体的形式，让国家和政府只是作为提供帮助、扶持和服务的开发客体。"① （郭晓明，2006）

但是，少数民族内部的视角和立场也不是统一的，少数民族干部、少数民族知识分子、少数民族乡村群众的认识是有很大的分别的。少数民族领导干部受政府教育和体制限制比较多，又是既得利益者，不能充分反映本民族的诉求；少数民族群众特别是乡民缺乏知识和信息，又忙于生计，不能考虑长远和整体，所以，也不能代表本民族的整体利益。他们对文化的感知如同空气对于人一样，须臾不可或缺而不自知，往往处在集体无意识的状态；少数民族知识分子是最有可能了解和反映民族诉求的，但是，大多数普通知识分子受传统意识形态的影响比较深，缺乏新的认识工具和对外交流的机会，在挖掘民族文化资源和吸收外来文化的能力方面都不足，没有树立起真正的文化自觉意识。只有少数得风气之先的民族精英对民族的历史、现实和未来有比较深刻的思考。不过，大多数少数民族人士都有强烈的民族意识和民族情感，都热爱自己的文化和传统，在与外来文化的比较和碰撞中，有挫折感和危机感，如果受到启发和引导，能够很快形成一定的文化自觉意识。

当然，一个个具有文化自觉的人作为个体是不能体现民族发展的主体性的，只有一个民族中具有文化自觉的人形成群体并组织起

① 郭晓明，2006，《文化可延承性经济发展——论西角弱小少数民族地区社会资本投资的重要性》，《经济学家》。

来，才能发挥出主体作用并具有代表性。因此，培育各种类型的发展主体，让各个阶层的少数民族群众都组织并联合起来，主体性才能够焕发出来。

（2）什么是民族文化的核心？

许多西方学者认为宗教是文化的核心，而中国的许多学者认为哲学是文化的核心，也有人提出文化的核心是人的思维和行为方式。还有学者认为民族意识才是民族文化最核心的部分。也有的认为民族精神是民族文化的核心和灵魂。

"30 年前，两位人类学家克罗伯（A. L. Kroeber）和克拉克（Clyde Kluckhohn）检讨了 160 多个关于'文化'的解释。他们最后的结论是把文化看做成套的行为系统，而文化的核心则由一套传统理念，尤其是价值系统构成。这个看法同时注意到文化的整体性和历史性，因此曾在社会科学家之间获得广泛的流行。"① （余英时，2000）

"文化是一个社会的成员所共享和传承的思想、行动和感觉的方式及其产品。它的核心就是体现人类活动意义和支配人类生活方式的象征和制度规范。"② （张海洋，2002）

上述观点的共同之处是：文化的核心不是有形物质，而是反映人类整体或特定民族的价值理念、制度、精神这样的东西。不过，在我看来，"文化的核心"和"民族文化的核心"可能是两个不同的概念，"文化的核心"是指可以超越民族范畴的精神产品，无论是指宗教还是哲学，都是一种可以形成共同旨趣的东西。如同基督教可以被不同民族的人共同信仰一样，是可以跨越民族文化鸿沟的。而"民族文化的核心"则是指特定民族的价值取向和精神依归，是在不同的历史记忆和成长轨迹中凝练出来的特殊精神气质。

---

① 余英时，2000，《中国思想传统的现代诠释》，江苏人民出版社。
② 张海洋，2008，《社会和谐与民族文化公平传承》，《中国民族报》4 月 11 日，第 6 版。

这种区分的意义在于强调文化是有个性的。

　　从通常意义上讲，能够表现民族文化特性和保持族群边界的象征符号很多，现在被称为非物质文化遗产的内容概莫能外。但是，我认为保护民族文化最重要的是要保护负载和表达其思想情感的语言和文字。通常人们仅仅把语言和文字当成一种工具或者是一种载体。如果是为了学习非母语文化，我们可以这样理解。但是，作为自己的母语文化，语言和文字就应该被视为区别于其他文化的最根本的文化特征。语言和文字不仅包含了系统的历史文化信息和本土知识，更体现了这个民族的思维特点、叙述方式和审美要求；不仅是文化传承的工具，还是文化创新和文明发展的主要载体。所以，使用和发展少数民族语言和文字是少数民族最根本的文化权利；支持其母语文化的发展应该被视为发展援助最重要的工作。

　　（3）文化与经济发展的关系

　　"在当今社会，文化已经深深融入经济之中，几乎所有的经济活动和物质产品都包含着文化因素和文化内涵，文化成为当代社会生产力的原发性因素和经济增长的基本推动力量。没有文化做支撑，生产力就不可能获得质的提升和大的跨越。因此，离开文化谈发展无异于缘木求鱼，舍本逐末。"[①]（谢名家，2006）

　　长期以来，在以经济建设为中心的发展观的影响下，文化始终扮演为经济建设服务的角色。"文化搭台，经济唱戏"成为地方政府重视文化的真正目的。用经济增长代替发展，用生存质量代替生活质量。出现这种本末倒置的现象不仅是因为政府把 GDP 增长视为评价地方官员政绩的主要指标，更重要的是那些执政的官僚通常把文化等同于教育、文艺或者文物，把加强文化建设理解为重视教育、发展文艺和保护文物。不知道礼义廉耻、忠孝仁义、道德诚信

----

　　①　谢名家，2006，《"文化经济"：历史嬗变与民族复兴的契机》，《思想战线》第 1 期。

是更重要的东西，没有把文化视为发展政治文明、精神文明和经济文明的标志；不了解民族文化的内涵和意义，许多人甚至把少数民族文化视为发展障碍，把主流文化对少数民族文化的冲击视为理所当然，把民族同化视为发展趋势。

然后，改革开放在取得举世瞩目的经济成果的同时，也确实严重地耗损了生态环境、社会公平和民族文化方面的资源或资本，这才有了科学发展观的提出。科学发展观的核心是以人为本，就是要尊重人格、人性、人权和人的全面需求的发展，就是要深化对人性的理解，认清人是悬挂在自己编织的意义之网上的动物，是追梦的动物，不是物质的奴隶。而尊重人的核心是要尊重人赖以生活的文化，而不是人赖以生存的物质。

"各民族的传统文化都是这个多民族统一国家里面国民认同的根基，是国家统一、民族团结和社会稳定的条件，也是经济运行的充分条件。此外，它还是化解‘中国威胁论’，抵消邻国对中国边疆的觊觎，为国家发展营造有利的国际环境的手段，也是提高国家竞争力、降低交易成本和社会风险的一种保障机制。中国历来是一个多民族、多宗教信仰的国家。民族文化既是各民族人民生活的意义，也是中国进行文化建设的资源。"[1]（张海洋，2002）

（4）文化自觉与发展援助

文化是一个整体性的概念。文化也是一个传播的概念，每个民族文化中的大部分内容都不是自己独立创造的，而是在文化传播和文化涵化过程中习得的和再创造的。独立创造的文化和习得的文化共同构成一个比较稳定的文化体系。因此，每个民族的文化都是一个完整的系统，一个有生命和灵魂的整体。这个文化体系当中的各个部分是由其内在的逻辑关系紧密联系起来的，其中任何一个文化因素发生变化都会产生连锁反应。如果新的文化因子能够满足这个

---

[1] 张海洋，2008，《社会和谐与民族文化公平传承》，《中国民族报》4月11日，第6版。

特定的文化生命的内在需要，就能够被吸收、整合或者再创造。如果新的文化因子不能被整合到这个文化体系当中去，就会产生抗拒和排斥。

不断创新和吸收就是发展。为了发展，每个民族都在自觉适应不断变化的社会环境和自然环境。问题就在于，现代化和全球化的浪潮彻底破坏了这些弱小民族的自然变迁和自觉调试的过程。在主流文化中心主义和发展主义的旗帜下，少数民族完全被裹挟进这个同质化的旋涡中。值得庆幸的是，许多人已经意识到，一个同质化的世界不是天堂而是地狱，我们在消解少数民族文化的同时，也在自掘坟墓。

"恰恰是在特定的、多样性的生态中生产出来的多姿多彩的差别，戳穿了同一化真正要掩盖的东西——它本身的贫乏；也恰恰是在悠长的生活历练中开绽出来的多姿多彩的差别，打开了各种可能性，以超越资本主义的逻辑——'确保同归于尽'（Mutually Assured Destruction，MAO，代号'疯狂'）。"（刘建芝，2009）

保持文化多样性和生物多样性是人类生存唯一的选择。因此，在可持续发展这个全球共识的基础上，我们的发展干预当然必须改弦易辙，应该把主流社会的文化自觉和少数民族的文化自觉结合起来，甚至必须去推动少数民族形成自己的文化自觉。

"文化自觉"是费孝通先生1997年提出来的概念。他说："我在提出文化自觉时，并非从东西方文化的比较中，看到了中国文化有什么危机，而是在对少数民族的实地研究中首先接触到了这个问题。……中国10万人口以下的'人口较少民族'就有22个，在社会的大变动中他们如何长期生存下去？特别是跨入信息社会后，文化变得那么快，他们就发生了自身文化如何保存下去的问题。我认为他们只有从文化转型上求生路，要善于发挥原有文化的特长，求得民族的生存和发展。可以说文化转型是当前人类共同的问题。所以我说'文化自觉'这个概念可以从小见大，从人口较少的民族看到中华民族以至全人类的共同问题。其意义在于生活在一定文

化中的人对其文化有'自知之明',明白它的来历、形成的过程,
所具有的特色和它的发展趋向,自知之明是为了加强对文化转型的
自主能力,取得决定适应新环境、新时代文化选择的自主地位。"
(费孝通,2002)

马克思讲得更精辟:"文明的发展如果不是自觉而是自发,留
给自己的就是沙漠。"

因此,无论是国际社会还是中国政府最需要做的就是帮助各个
民族拥有越来越多的具有充分的文化自觉的人,推动他们去实现民
族文化转型的历史使命。只有这样,民族文化才不会消失,只会与
时俱进地变化。

2. 什么是少数民族视角的发展观?

我们可以基于以下几点认识来阐述和概括少数民族视角的发展
观。

第一,发展不是外部力量能够主导的,必须是发展主体的自觉
主张和行为。"只有主体自觉基础上的社会整合和文化调适,才可
能消除群体生存和发展的危机。同理,任何针对边缘社会的发展计
划和宣传教育,都必须尊重和发挥当地人的主体性,重视他们自身
的文化,相信他们的自我发展和自我调适能力。反之,任何不顾当
地社会文化传统而强制灌输和靠外力推动的行为干预,都难以达成
良好效果。"[1](侯远高,2003)

第二,主体不能自发产生自觉,只能是在与外来文化进行交流
的过程中产生,需要外部环境的持续影响。特别是针对那些基本不
具备发展的内部和外部条件的地区或民族而言。但是,外力推动的
不仅仅是改善其发展的物质条件,更重要的是激发其内在活力。

第三,发展干预的关键不是贫困的瞄准机制,而是扶贫的价值
取向问题。对于贫困的少数民族而言,他们不是一个个经济动物,

---

[1]　侯远高,2001,《川滇大小凉山彝族地区社会文化变迁中的民族关系》,《凉山
民族关系》年刊。

而是拥有骄傲的历史记忆和丰富的精神生活的鲜活的文化生命。族群文化生命的延续比个体经济生活的富足更重要。因此，以超越贫困线为目标的扶贫开发是不能反映和满足一个民族的发展诉求的。

第四，问题就在于外力如何转化成为内在的发展动力？强制性的社会变迁和无情的市场经济这只看不见的手，已经被证明是邪恶而不是福音。以牺牲环境和文化为代价的经济发展模式，也已经被证明是灾难和坟墓。因此，外力只能是在能够满足主体可持续发展的内在需求的情况下才能产生积极作用。那么，少数民族的内在需求是什么？

如果说追求尊严、尊重和承认乃是人性深处的内在的需求，那么，维护和发展自己的民族性是每个民族共同体获得尊严、尊重和承认的基础，也是就其最根本的内在需求。

"所谓文化生存是一个弱小族群在现代化的过程中，因其生计与文化前程受到损害，故必须想方设法保持其文化传统的权益。经常的情况是，一个文化在外部环境的干预下，人们起来维护自己的文化传统特征和文化认同，从而保持作为一个文化的独立性。从这个意义上说，它比文化保护更为主动，是文化主体内在的、主动性推动的挽回生计与社会文化颓势，是主体性的生存和发展。"（庄孔韶，2006）

"内源性发展是一种尊重民族文化个性，强调民族文化特色的发展观。所谓体现民族文化特色，这里指的是：文化特性作为发展的重要因素，要实现这一点，就应该从文化发展的方面入手，把内源发展看作一个文化建设的过程，在西部民族贫困地区推广具有民族文化特性并符合人们需要与实际的教育、科学技术和文化艺术事业。通过它们的发展来提升人们的意识，发掘他们的潜能，激发他们的创造力。"（钱宁，2004）

"一个民族，最重要的是它整体追求的价值观念，如何才是民族自身价值追求，只有在该民族的族群当中才会理解，每个民族都有自己的理念，并不是物质生活的大一统就能体现社会的大一统发展。正确的民族发展观是作为一个民族族群的人们对发展的正确认识，作为一个民族他们既要在物质发展上获取利益，同时也在生产生活的发展方式上能予以接受，保持他们所拥有的优秀传统文化。"

第五，如果说延续族群文化生命以保持民族性是每个民族最根本的内在需求的话，那么，每个民族就必须伸张自己的文化自主性和发展选择权，就需要通过本民族有文化自觉的人表达自己的发展理想并引领自己的民族走上自主发展的道路。

那么，什么是少数民族视角的发展观？科学发展观的第一要义是发展，是以经济建设为中心的发展，核心是以人为本，基本要求是全面协调可持续，根本方法是统筹兼顾。而少数民族视角的发展观是建立在文化自觉基础上的富有时代精神的对民族发展的正确认识。它的第一要义也是发展，但不是以经济建设为中心的发展，而是以民族文化为核心的发展，基本要求是机会和权利的平等，根本方法是尊重和体现主体性。

少数民族视角的发展观是与本民族当下的社会文化处境密切关联的，是民族认同、民族自豪感与民族挫折感和危机意识交织在一起的发展观，是在一个开放的社会中与世界文明频繁对话的基础上焕发出来的自主意识和发展愿景。

三　援助少数民族发展的基本原则

1. 尊重和体现主体性的原则

在尊重和体现少数民族主体性方面，参与式发展理论无论在认识上还是方法上都迈出了很大一步，被从事发展援助的人所普遍接受，并在提高发展援助的有效性方面取得了实际的进展。但是，参与式方法并没有改变扶贫工作的被动局面，也没有彻底改变发展项目中的权利关系，仅仅能够满足发展对象的知情权和在限定的议题中的表达权，没有决策权。

社区主导型发展模式虽然赋予了乡民一定的主导权,但其项目目标人群只针对社区中最贫困的人群,排斥了其他人群参与的可能性。而这些最贫困的人无论在知识和信息的获得方面,还是在自我发展意识方面都不足以主导项目目标的实现。参与式方法是为完成项目设计的限定性目标服务的,不考虑该民族整体发展的需求。忽视目标人群的社会结构和文化特点,不能基于当地人的文化识别出其内在需求和发展动力。

2. 以文化为本位的原则

发展援助的对象往往是那些经济贫困但传统文化保存比较完整的民族,而各种机构实施的扶贫项目往往是在消解这些传统文化,甚至是在破坏其文化生态和文化空间。以文化为本位就是要强调经济发展不能以牺牲民族文化为代价。事实上,与文化相适应的经济发展项目才有可能取得成功,引起文化冲突往往是项目失败的主要原因。

以文化为本位就是基于文化来探讨各种少数民族发展议题。不能离开文化谈发展,必须要对目标人群的历史变迁、社会结构、经济文化类型、风俗习惯、文化禁忌和现实处境有比较深入的了解,才能论证和实施项目。从这个民族的角度去理解事物,从内部看文化,克服他者的文化偏见。无论是生计发展项目还是环境保护项目或者是防治艾滋病项目,都需要从文化入手,以这个民族的乡民最容易接受的方式开展工作。

如果项目管理人员在短期内达不到这个要求,就应该和这个民族的文化精英一起工作,在他们的指导和参与下建立项目逻辑框架和进行路径设计,深入社区开展基线调查和需求评估,并建立以当地人为依托的项目团队,共同实施项目。

在本课题研究的过程中,我们接触过许多在少数民族地区开展工作的 NGO 的项目管理人员。让我们感到惊讶的是,他们中的大多数人是在对目标人群的民族文化完全无知的情况下开展工作的,认为凭借在其他地方积累的发展经验就可以把新项目做好,不需要去了解和学习民族知识。可是，在实施项目的过程中，他们又很难回避文化差异所造成的问题。

3. 基于权利平等的原则

在国际发展领域已经形成一个被普遍接受的观点：贫困是机会和权利不平等的结果，是社会缺乏公平和正义的表现。因此，采取赋权行动，伸张和保护少数民族和弱势群体的权利，是被联合国作为扶贫战略实施的三大关键领域之一而加以强调的。

"基于权利的发展"就是发展中的人权问题，更具体地讲就是在西部经济开发过程中的人权问题。权利本身就设定了权利和义务关系。在具体的发展项目中，少数民族和群体可以通过法律的渠道来进行申诉、主张，如果他们的权利受到侵犯，还可以得到法律的救济，而不是通过其他一般的渠道。'基于权利的发展'正是在这个意义上给'发展'的理念增加了新的东西。"

"民族关系的核心是保障少数民族在政治、经济和文化上的权利与利益。少数民族的政治权利主要反映在民族区域自治问题上，更明确地讲就是尊重少数民族在本民族自治地方的主体地位问题。文化权利体现在如何帮助少数民族实现其传统文化的现代转型的问题上，也就是要解决西部民族文化多样性的现实与文化同质化的发展模式之间的冲突问题。经济权利表现在国家现代化过程中能否实现各民族的共同繁荣进步。……尽管国家通过《宪法》的有关条文和《中华人民共和国民族区域自治法》（包括修正案），对少数民族的权益做出了相应的规定。但是，条文的内容过于笼统，执法的主体不明确，具体落实的机制又含混不清，缺乏可操作性。民族工作部门依据一部只具有原则性的基本法，很难处理具体而复杂的民族事务。"①

"伴随国家现代化进程的推进，各民族间事实上存在的经济文

---

① 侯远高，2001，《川滇大小凉山彝族地区社会文化变迁中的民族关系》，《凉山民族关系》年刊。

化上的发展不平衡问题突显出来。而国家在资源配置上的不合理进一步加剧了这种不平等，导致地区之间的发展差距以民族利益冲突的形式表现出来。然而，问题还有更为复杂的一面，这就是各民族文化多样性的现实与国家单一发展模式之间的冲突和矛盾。如果说我们有的人还能够把少数民族发展上的差距归咎于历史原因，那么，少数民族在国家现代化进程中的文化边缘化以及由此产生的一系列社会后果，就不能不与国家的制度安排和政策选择联系起来。"① （侯远高，2001）

"履行执政党和国家的使命，恢复物归原主和还权于民的天公地道，让环境、社会和文化的真正主人能有效管理自身事务并对伤害他们的决策有否决权，对伤害他们的人有罢免权。中国现行《宪法》早就把这个权力赋给了包括少数民族自治地方在内的各级人民代表大会，现在该是到了贯彻实施的时候吧。"② （张海洋，2008）

即使是在一个法制社会，权利也都是靠自己争取和维护的。民族自强的关键就在于是否能够争取和维护自己民族的合法权利以谋求生存和发展。善于运用法律的武器对危害民族利益的人和事做斗争是一个民族适应现代社会的基本要求。民族自强就是要摆脱几十年来形成的少数民族对中央政府的心理依赖和经济依附关系，学会从法理上确立能够掌握自己命运的权利和义务。解决现行民族法与少数民族发展实际不相适应的问题。

4. 立足于培育发展主体的原则

改革开放以来，中国的政治经济体制和社会结构发生了根本变化，即从计划经济体制下的行政一体化社会结构向政府、市场、社会三大结构分化和整合转变。在这个社会转型的过程中，最显著的变化是政府职能的转变，即从高度集权的权力政府转向责任型政府

① 侯远高，2001，《川滇大小凉山彝族地区社会文化变迁中的民族关系》，《凉山民族关系》年刊。
② 张海洋，2002，《弱势群体的主体性与现代社会的互动性》，《中华读书报》5月15日，第17版。

和服务型政府，从一个"大政府、小社会"变成"小政府、大社会"。政府开始从管理转向服务，逐渐从许多公共领域退出来，把大量的公共事务和公益事业交由公民社会自己来办。国家通过健全相关法律，鼓励非政府组织（NGO）的发展，以恢复民间社会的活力，使公民社会能够自我管理和自我发展。

所谓公民社会并不是一个处于离散的个体状态的大众社会，而是一个由政府、企业、非政府组织和媒体共同发挥作用的社会。政府仍然是社会的主导力量，企业是经济活动的主体，而在草根社会和城市社区的公共事务中，传统社会组织、宗教团体以及各种非政府组织要承担更具体、更明确的责任。

反思政府部门和国际组织在民族地区开展的工作，有一个很重要的教训就是片面注重硬件投入，软件建设严重不足，而软件建设的关键在于培育新的发展主体。不改善少数民族乡村的治理结构，不把日益多元化的少数民族社群以新的形式组织起来，就不能改变少数民族面对外来冲击时的脆弱性，就不能改变少数民族接受发展援助时的被动性和可持续性。许多国际组织把培育新的发展主体的重点放在乡村，直接面对最贫困的人群，发展他们的合作组织。实际上，这是个严重的误区。新的知识和技术在少数民族地区的传播必须要有一个选择吸收的过程，而这个选择吸收的过程需要有一个中间环节来完成，这个环节就是组织起来的少数民族知识精英、社会精英和青年学子。只有通过他们消化吸收以后才能以这个民族最适宜的方式开展乡村工作。

如果每个民族的知识精英和社会精英都能够通过 NGO 这个平台整合资源、培训人才、倡导和实践新的发展观、提高自我发展能力、推动民族文化转型，那么，民族地区就会形成新的发展主体，带来新的生机与活力。因此，培育和支持少数民族 NGO 的发展，应该成为政府和国际社会的主要目标之一。

"道不同而不相悖，万物并育而不相害；小德川流，大德敦化，此天下所以为大也。"

参考文献

费孝通，2002，在中华炎黄文化研究会创办的"二十一世纪中华文化世界论坛"第二次国际学术研讨会上的发言。

郭晓明，2006，《文化可延承性经济发展——论西南弱小少数民族地区社会资本投资的重要性》，《经济学家》。

侯远高，2001，《川滇大小凉山彝族地区社会文化变迁中的民族关系》，《凉山民族研究》年刊。

刘建芝，2009，《抵抗的全球化：在实践中思考》，《读书》第 3 期。

钱宁，2004，《文化建设与西部民族地区的内源发展》，《云南大学学报（社会科学版）》第 1 期。

谢名家，2006，《"文化经济"：历史嬗变与民族复兴的契机》，《思想战线》第 1 期。

余英时，2000，《中国思想传统的现代诠释》，江苏人民出版社。

张海洋，2002，《弱势群体的主体性与现代社会的互动性》，《中华读书报》5 月 15 日，第 17 版。

张海洋，2008，《社会和谐与民族文化公平传承》，《中国民族报》4 月 11 日，第 6 版。

庄孔韶，2006，《可以找到第三种生活方式吗?》，《社会科学》第 7 期。

社会性别平等诉求挑战发展神话

赵 群[*]

摘 要：社会性别概念和分析方法的引入，使得人们重新反思原有的男女平等的观念和看法，以及现实中存在的男女事实上的不平等现象背后的根源。在农村发展项目中，许多机构开始关注妇女，有的希望增强项目实施过程中的社会性别敏感，进一步探讨推进社会性别平等的策略。在项目实施的过程中，要创造突破社会性别不平等机制的策略，立足从长远和持续的角度推动社会性别平等的机制建设，而不能仅仅满足于满足现实的妇女需要，这样社会性别平等的诉求才可以在发展的进程中真正持续地实现。

关键词：社会性别 性别不平等 发展

一 中国的状况：从社会主义的历史到全球化的冲击

由于中国与西方不同的历史、文化和社会制度，中国妇女所走

---

* 赵群，云南社会科学院社会学研究所。

的道路与西方有较大的差异。虽然中国也有与世界其他国家相似的妇女长期处于二等地位的漫长历史，但自马克思主义传到中国以来，中国共产党认同妇女的地位是社会进步的标志，将男女平等作为一面旗帜，在 1949 年以前的革命和后来的国家建设中，始终强调男女平等的原则，并将之写入了宪法和保障妇女权益的各项法律中。人们曾一度认为只要妇女走出家庭，走入社会，获得独立的工作和收入，妇女就和男性一样获得了同等的地位与权利。然而，在几十年男女平等的实践中，人们越来越感到，宪法和法律的平等并不意味着现实的平等，传统习惯势力的作用有时远远大于法律与制度。理想与现实的矛盾促使人们去思考和研究。

正如有的学者提出，中国共产党曾经轰轰烈烈地号召妇女走出家庭，步入社会，获得自己独立的收入和社会身份，但是从来没有旗帜鲜明地倡导男性也应该走入家庭，承担起传统上属于妇女的家务劳动。由此，女性的双重角色的冲突，是许多职业妇女面临的普遍状况，妇女界不断地发出声音，但是得到的普遍回应是认为待经济高速发展，家务劳动的机械化和社会化才是解决妇女双重角色紧张的出路。这里我们看到，传统的性别劳动分工的规则没有改变，最后寄希望于生产力的发展成为解决问题的出路。

随着中国的改革和对外开放的日益深入，20 世纪 80 年代中期以来，不断地涌现出各种“妇女问题”：女大学生就业难、女性下岗比例高、再就业难、家庭暴力凸现、妇女参政比例低、乡村民主选举中妇女全面的退出，等等。“中国妇女解放正以种种‘妇女问题’的形式面诸社会，敦促社会；并以女性意识的普遍觉醒向思想界呼唤理论”，[①] 正是在这样一个背景下，学界和妇女界重新掀起了妇女研究的热潮，从历史、文化、社会结构的变化和市场经济中去寻找答案。但是在发展过程中，一种观念认为，我国随着社会主义制度的建立，男女平等的原则已经确立，现实中的不平等是由

---

① 李小江，1998，《夏娃的探索》，河南人民出版社，第 17 页。

于我国经济尚处于发展阶段，中国经济的不发达，没有条件考虑更完善的社会福利，所以妇女利益受到影响，特别是市场经济发展的初期，要保证竞争，必须牺牲一部分弱者的利益。经济决定一切与市场的神话相结合，在一段时间使得保障妇女的权益和追求男女的平等时常处于无为的状态。

另外，在开放的背景下，一些国际组织和非政府组织在中国做各种发展项目，国际在发展中的新思路不断地引入，"妇女参与""妇女与发展""社会性别与发展""社会性别分析""社会性别主流化"等一系列观念和方法也随着项目而引入。20世纪90年代初期，社会性别概念的引入，在中国的学界进一步探讨改革开放以来各类"妇女问题"凸现，找到了一个分析的概念、视角和方法。人们进一步抛弃那种简单地认为这些妇女问题是妇女素质低和社会经济不发展的产物，而从社会性别的结构中去寻找缘由。特别是1995年世界妇女大会在北京召开，使得社会性别作为一种概念、理论分析的方法和意识形态，对于进一步认识和解决改革开放中出现的"妇女问题"，起到了前所未有的作用。

在实践中，一系列的项目在实施过程中也积累了一些经验与教训，在各种发展项目中关注妇女的参与，运用社会性别的分析方法进行项目设计和管理、监测与评估，越来越受到发展工作者和研究人员的重视。而社会性别概念和分析方法的引入，使得人们重新反思原有的男女平等的观念和看法，以及现实中存在的男女事实上的不平等现象背后的根源。

二　用社会性别意识和分析方法审视农村发展项目中的经验

在农村发展项目中，许多机构开始重视对妇女的关注，有的希望增强项目实施过程中的社会性别敏感，进一步探讨推进社会性别平等的策略。但是在探索的过程中，存在不同的问题和困难，如果用社会性别的视角审视，这些问题归纳起来包括：项目确定目标人群的"靶偏移"；如何在社区发展的过程中创造空间实现妇女平等参与；妇女参与项目和增加劳动量；技术推广项目中没有性别敏感导致的排除妇女；满足妇女的现实社会性别需要和战略社会性别需要缺乏有效的衔接；如何赋权等等问题需要进一步探索。

（一）谁是项目的目标人群

谁是项目的目标人群常常是一个项目需要回答的基本问题，但是有的项目常常发生不该有的错误。在河北某地，棉铃虫灾非常严重，举办防止棉铃虫的培训班，先后有数万农民参加培训，但是由于依然存在施放农药的不合理，致使棉铃虫抗药性随之增加，加之喷药的方法不当，每年均有许多农民不同程度地中毒、甚至死亡。虽然进行培训，但是中毒事件仍然不断发生。后来经调查发现，田间喷药的农民大部分是妇女，而参加培训的大多是男性，因此，培训目标人群的性别错位导致了该培训项目的失败。

类似的问题在发展项目的培训中常常发生，不仅使得培训的效果无法达到，而且由于劳动是妇女承担，而培训总是男性参与，男性总是最先掌握新技术，所以进一步地巩固男性在家庭生产中的主导地位，而妇女的从属和依附性在固化劳动分工中就已经确定。

项目目标的靶偏移问题，首先是从效率的角度去审视项目，似乎影响了项目的效果。但是如果从公平和权利的角度去看，更多的是关注妇女作为一个性别群体在获得培训资源的过程中所面临的障碍。这种障碍，更多地反映在发展过程中的项目资源的分配中存在的性别偏移是与当地的社会性别分工的固化相吻合的。男性由于更多地从事外向拓展的工作，因此更容易获得外部进入的项目资源，如果项目资源的分配过程没有打破这种隔离的策略，那么妇女由于受困于繁忙的家庭事务和劳动，获得外部资源总会慢于男性群体。

（二）如何创造空间实现妇女平等参与

许多的发展经验已经证明，妇女从来都是发展中不可或缺的力量，在农业生产和农村生活中发挥着重要的作用。从这个意义上说，妇女从来参与其中。但是妇女参与什么？是家务生产的承担者？是农业生产劳动的劳力？这样的参与是困在男主外、女主内的社会性别的定型模式中的，女性的空间始终被固守在离家不远的半径之中。许多农村发展项目面临的重要问题就是，如何创造空间让妇女参与。

有的项目在需求评估阶段做到创造妇女单独的空间，让妇女表达自己的需要和困难，但是在项目计划时又变成由政府部门和男性精英做决定，所以所选择的办法并不能够解决妇女切实的困难和满足妇女的需要。例如，一个项目在需求评估中发现，当地妇女劳动强度非常大，减轻妇女的劳动是妇女的第一需要。但是没有进一步和妇女讨论是什么原因造成妇女劳动过量，用什么方法来减轻劳动强度，而是主观地认为用一些技术的方法能够解决问题，所以选择用青贮饲料的养猪技术，来减轻妇女的养猪劳动强度。但是由于在项目设计、实施管理中没有充分考虑妇女的意见，这项技术的持续使用最终受到阻碍，不仅没有减轻妇女劳动，反而浪费项目资源。

所谓的参与，是要创造环境、形成机制，在项目周期的各个环节中参与表达需求、参与项目计划、参与项目决策和实施管理、参与监测与评估。但是要真正实现，有一些具体的问题要考虑。

（1）认识妇女的处境，了解妇女的时间利用的基本特点，制定适合妇女参与的具体时间议程表。

由于妇女承担男性较少参与的家务劳动，所以她们的时间分配比较细碎和零散，手里时常从早到晚都有活计。因此，如果现有的项目活动没有符合妇女的时间，是很难让其参与的。

（2）如果没有让社区普遍认识到妇女参与的重要性，男性可以承担一些传统上属于妇女的劳动，妇女的参与也是不可以持续的。妇女无法参与到项目决策和计划中的主要原因是社区采取的以男性主导的公共事务的社会性别分工模式，这与妇女主持家务劳动是相辅相生的，因此，项目在倡导妇女参与的同时，也要倡导男性参与家务劳动，这样才可以创造出妇女参与项目公共活动的持续性。从这个意义上说，没有在社区层面性别平等的意识提升的配套活动，改变固有的社会性别的分工模式和观念，妇女参与公共事务的活动是没有形成持续的社区文化的一部分。

（3）妇女的参与，群体性和妇女公共空间的创立非常重要。由于长期以来妇女缺乏参与公共事务的经验，妇女在公共场合常常会缺乏自信，在男性权威文化下，妇女充满压力，非常容易被边缘化。所以，我不主张有的项目只考虑妇女代表参与所谓的项目管理委员会，一个或几个妇女代表在众多男性中，不敢或无法发言。所以倡导给妇女建立自己独立的空间，发出妇女的声音，同时强调妇女的群体参与更为重要。

因此，在项目实施和管理过程中，对于妇女普遍缺乏参与决策的现状，人们只是强调几千年封建的重男轻女的残余，以及妇女文化水平低的限制，而没有考虑到由于男女两性角色分工的不同，妇女有别于男性的知识和经验，在决策时通过有效的手段和方法可以让妇女参与决策并且发挥优势。一些在农村促进妇女的参与的项目往往只是停留于妇女参与劳动或者出现在会议的过程中，而没有关注妇女作为一个性别群体，在决策中的参与。虽然有的实践者和研究者已经注意到在现实中存在的权力结构的不平等是阻碍妇女参与发展和发挥作用的主要因素，提出"创造一个无等级结构的环境"是保证妇女能够发声的关键，在一次性的调查或评估中可以运用参与性农村评估的工具并使用一些技巧，例如，将男、女、贫、富等分开，很容易就创造出这样一个无等级结构的环境，但是在项目的持续运作及日常的管理中如何做，如何建立起两性平等参与的项目机制，如何赋权于妇女，并且变为一个持续的过程，依然需要探索。

（三）妇女的参与和增加劳动量

妇女的参与被看做是挖掘了一个更富有活力的人力资源的策略，被许多发展项目所推崇，然而，如果不重新改变现有的劳动性别分工的格局，妇女的参与有可能会增加她们本来就已非常繁重的劳动。

山东某地的一个苹果开发项目希望通过引入新技术而增加产量并改善苹果品质，但是项目在分析中发现妇女的劳动负担已经很重，项目的措施又增加劳动量，例如为确保苹果品质的套袋技术的实施很可能由妇女承担，所以项目决定重新考虑。

这个项目将分析劳动力分配作为项目关注的重点之一，是目前许多推动当地经济发展的项目没有考虑到的。关注妇女的参与，还要进一步分析当地的劳动性别分工状况和劳动量，同时分析新的项目活动的进入可能形成的劳动性别分工格局会如何在原有分工结构和人们的评价系统中得到"嫁接"，这是一个非常重要的问题，否则妇女的劳动负担增加的风险要大于男性，因为她们承担着大部分的再生产劳动。

一个在藏族地区推广草地改良技术的项目，希望通过在牧民中推广种草、灭鼠和施肥等技术措施，达到改良草场、减低草场退化的目的。在这些技术措施当中施肥主要是将牛羊的粪进行处理后施播在天然草场上，以补充草地生长所需要的肥料。而在当地，牛粪处理后主要是用做燃料，这一工作由妇女承担，在当地如果哪个男人做类似的工作，会被人们笑话。所以项目在实施初期发现，积肥的工作几乎没有男人的参与，变成了妇女新增加的劳动。由于草场面积较大，每户封育改良的草场是 150 亩左右，所以如果项目不关注原有社会性别的分工对项目劳动的影响，项目的实施过程将极大地增加妇女的劳动量。如果只从项目的效益出发，除非这一劳动的增加已经影响到项目的效益，否则就没有必要关注，但是从妇女的利益考虑，项目就要考虑进一步的干预措施来减轻当地妇女的劳动量。由于项目的工作人员有了一定的社会性别的敏感性，所以在项目实施的过程中一方面倡导男性参与施肥，同时在技术方案上开始作调整，将部分施肥的工作变为让牛羊在封育草场适度放牧的自然施肥，这从一定程度上减轻了妇女的项目劳动。从这个项目中受到的启发是，在技术推广和使用的过程当中如果没有关注到当地原有的社会性别关系——特别是原有的社会性别的劳动分工和以男性为主导的决策系统的影响，导致的结果将会使妇女劳动更为繁重，以及项目的设计和决策将妇女的意见排除在外。新的技术可能是改变性别劳动分工的格局，如果不加以关注，会错失重新合理分配劳动量的机会，原有的性别劳动分工的"潜规则"就"自然"地发生作用。

（四）　新技术推广中的社会性别敏感

在促进农村发展的各项措施中，推广新的种养殖技术和新品种是作为促进发展的常用手段来实施的，但是在技术和品种的推广过程中，将技术作为一个中性的促进发展的要素，而没有仔细地考察当中同样存在着社会性别的问题，例如技术的培训、使用或推广都是以男性为主的，并将这一状况归罪于妇女的文化水平低，所以被排除于技术的使用和推广之外，而没有看到，现有的推广系统没有社会性别的敏感，没有意识到现实中妇女有别于男性的劳动分工、时间分配以及在自然资源的利用和控制权方面的差别，使妇女在获得相关的技术服务和培训中面临障碍和限制，技术的推广方式和内容在妇女可及性方面存在着明显的问题。

在一个农业开发项目中，养羊被选做发展山区经济、减低贫困的发展项目。这些地区多数都有放养羊的历史，过去是由家里的老人放羊，而现在养羊是放养和圈舍养羊相结合，由于家里的男劳力外出打工挣钱，加上圈舍养羊便于妇女在家照顾，所以养羊的劳动大多由妇女来承担。由于引进新的品种与传统饲养方法不同，几乎所有的项目都对农户进行养羊技术培训，但是培训的妇女参与情况却参差不齐。在访问的几个项目点中，有的点的妇女参与培训的人数大约占参与培训人数的30%，没有参加培训妇女依然照老的办法养羊。探究其原因发现这与项目在实施过程中的设计有直接的关系，培训的地点定在离村有一段距离的乡里，通常培训的人员由村里组织，培训时间是三天，这样的设计有两个因素不利于妇女参与培训，第一，外出到乡里赶集买东西多数的是男性，女子外出机会较男性少，所以，到乡里参加培训的也就多数是男性，妇女不可能将家里的家务和劳动放下三天参加培训；第二，多数妇女的受教育程度较男性低，所以去参加培训的妇女多数是文化程度较高的女性，一般没有文化的妇女听懂培训的内容有困难。同样的项目由于不同的设计，使得妇女参与培训的比例就大大增加了。在鲁山县仓头乡白窑村，养羊培训和技术服务都到村中，全村几乎家家男女村民都参加技术培训，村中妇女回忆参加培训的妇女数占参加培训者的50%，妇女也成为养羊项目的主力。

有的项目只是简单地强调妇女参与新技术培训的比例，而没有从常规的推广方式中去寻找排斥妇女的原因，这样的结果是即使妇女能够被强迫参与，也无法真正持续获得技术推广的成果。新技术的推广要使女性和男性有同等的参与机会，需要在推广过程中真正具有社会性别的敏感性，具体说来就是：首先要理解妇女在获得新技术的过程中的障碍性因素是与社会性别的观念、规范有关的，所以，在推广的方式上要尽量考虑如何方便妇女接受新的技术，例如时间的安排是不是方便妇女，地点的选择是不是妇女方便去的地方，培训和推广的方法有没有考虑到妇女受教育水平的程度——是否通俗、易懂、可视和形象以及易操作，等等，这些都是在没有触动到当地社会性别的基本格局基础上要考虑的基本问题。但是另外的策略是，要将妇女获得新的技术不仅当成是当地经济建设的手段，也要当成不断推动社会性别平等策略的手段，这就需要一些配套的活动。例如，给男人提供培训传统上属于妇女的劳动，让男人参与妇女的劳动，让妇女参加属于男人掌握的一些技术；或者让妇女离开社区到其他地方参观、交流、学习，在社区中倡导男性同样可以分担家务和照顾家庭；另外有的项目将妇女组成小组，让妇女透过群体的力量将其对种养殖技术的需求反映给技术服务部门，提高妇女的组织能力和与服务部门协商、对话交流获得外部支持的能力，这样对于妇女群体的能力和影响力的提高无疑是起到积极作用的。

（五）满足妇女的现实需要同样需要战略的考虑

许多项目在做需求评估时都开始考虑如何识别妇女需求和满足妇女的需要。一些项目从满足妇女的现实需要入手，解决妇女现实生产和生活中的困难，例如减轻妇女劳动量，提高妇女收入，提供卫生安全的饮用水等。不过，虽然随着项目的实施，妇女的生产和生活的状况得到改善，但是妇女在家庭和社区中从属于男性的地位没有改变，依然没有获得与男性在决策中平等的权利。所以发展项目需要考虑的是如何在满足妇女现实的社会性别需要的同时，进一步改善妇女与男性不平等的权利关系，实现战略性的社会性别需要——即挑战不平等的社会性别关系，向性别平等迈进。

有一个项目为了解决妇女劳动过多、过重的问题，选择了推广青贮饲料养猪技术，该技术是利用无毒无害的青绿植物，经过一段时间的贮存和发酵，然后喂猪。青贮饲料养猪技术的使用，减轻了过去山区妇女每日寻找猪食，并将之制作和处理等细碎繁杂的劳动，使得妇女每日喂猪所花费的时间从3小时减少到半小时，减少了妇女的劳动量。同时该技术的使用还可以节省原料和燃料。但是这样一个直接针对改善妇女状况的项目在具体的实施过程中却没有达到预期的效果，尽管项目给予补助，为每户农户建立了青贮饲料的池子，并为村民提供制作青贮技术的培训，但是当地社区的农户使用该项技术喂猪的比例依然不高。调查发现，虽然该项技术可以减轻妇女的劳动，但是在制作青贮原料时需要全家人的参与，改变了养猪劳动的社会性别的分工。同时由于青贮原料生产的季节性和制作原料的规模性，土地的重新计划和劳力的调配是新技术使用必须具备的新条件，而养猪对于当地的村民来讲并不是最能赚钱的，其他具有较高经济效益的农产品生产所需的土地和劳力与制作青贮所需的土地和劳力在同一季节上发生矛盾。这样在改变性别劳动分工的条件下，土地、劳力、市场的效益等一切因素，使得该项技术的持续使用受到了影响。这一案例说明，在现有农村的社会结构中，减低妇女过重的劳动不是家庭主要的发展目标。如果对现有的框架和社会性别的结构没有主动的干预，妇女的需要会被排斥，在进行家庭资源的分配和使用时，即使是妇女，在发展家庭经济的动力面前，也会将自己的需要放到家庭、孩子和丈夫之后。所以，这个项目给我们的启示在于，在农村现有的社会性别关系和结构的格局下，要促进妇女劳动的减低和妇女状况的改善，只靠推广减轻妇女劳动的新技术是不够的，如果没有对原有社会性别结构的分析，并做一些策略的配合项目，满足妇女实际需要的努力也会受挫。

三　并非结束的结论

关注社会性别的平等对于发展来讲是一个"双赢"的结果，不仅使处于社会性别结构下层的妇女可以获得利益，同时对于实现发展的目标也不可或缺。从全球的视野来看，从 WID 到 GAD 的发展过程，将妇女作为一种发展的资源到明确提出社会性别不平等的社会和文化的结构是阻碍实现发展目标的重要因素。认识水平在不断地提高，妇女不再只是促进发展的工具和程序性的议程，推动发展目标的实现必须关注妇女的受益，而要实现妇女的利益必须推动性别平等的议程的落实。

中国在改革开放中不断地推动经济建设为核心的发展，市场经济及竞争的不断引入，使得妇女作为一个群体在就业、升学、参政中面临着在社会主义时期前所未有的挑战，全球化的背景不仅使得中国农村妇女成为廉价的劳动力，在推动国家经济的建设中也继续做着巨大的贡献。社会性别视角的引入使得我们可以更清楚地分析在这个飞速发展的时代，在推动农村发展的进程中，社会性别平等的议题不可或缺，它不仅关系到妇女在发展中是否公平地受益，也关系到农村发展的目标能否实现。

审视以往农村发展项目的经验，在推动社会性别平等的议程中还需要进一步深入地探索。从以往不关注妇女的需要与议题到将妇女看做发展中重要的相关人群，不能不算是非常大的进步。但是，要真正实现社会性别平等的议程，还需要在发展进程中关注基本的社会性别平等格局的建构，在策略上有目标和针对性的突破。这些策略重点包括以下几个方面。

（1）打破社区原有的劳动性别分工固化的现状，构建社区社会性别平等文化的劳动分工新格局；

（2）改变社区中原有的社会性别关系，使女性能够平等地参与和共享社区发展计划决策的平台；

（3）在妇女普遍缺乏参与公共事务管理和决策的社区，在初期阶段开拓妇女群体和妇女独立的公共空间，使妇女群体得以成长，提高管理的经验和能力及自信；

（4）倡导男性参与到传统上属于妇女的劳动中，进一步减轻妇女的劳动负担，保证妇女参与的持续性；

（5）技术推广和服务具有社会性别的意识和社会性别的敏感性，使得妇女可以突破获得培训和技术推广服务的社会性别的限制；

（6）在满足妇女现实需要的同时，必须考虑战略性社会性别需要满足的策略，否则在有的情况下，妇女的现实需要也会受挫。

总之，在项目实施的过程中要创造突破社会性别不平等机制的策略，立足从长远和持续的角度推动社会性别平等的机制建设，而不能仅仅满足于满足现实的妇女需要，这样社会性别平等的诉求才可以在发展的进程中真正持续地实现。

参考文献

李小江，1998，《夏娃的探索》，河南人民出版社。

赵群等著，2000，《社会性别与技术生存环境》，云南民族出版社。

赵群：《参与性在草地改良项目中的运用和挑战》（"国际草地发展和管理学术研讨会"大会发言）在云南 PRA 网络年会论文集中发表。

赵群，2002，《初探社会性别与农村实用技术推广》，载《社会性别与发展在中国：回顾与展望》，陕西人民出版社。

赵群，2004，《社会性别与农村发展项目的社会评价——以亚行豫西农业综合开发项目为例》，《云南社会学》第 1～2 合刊。

Marjorie Mbilinyi. 1984. "Research Priorities in Women's Studies in Eastern Africa." *Women's Studies International Forum* 7, No. 4.

Mayra Buvinic. 1986. "Projects for Women in the Third World: Explaining Their Misbehavior." *World Development* 14, No. 5.

伊琳特、米拉考尔莎主编，2003，《社区的迷思——参与式发展中的社会性别问题》，社会科学文献出版社。

Nalla Kabeer. 1994. "Empowerment from Below: Learning from the Grassroots". *In Reversed Reality*. Verso. 236.

Stamp. 1989. "Technology, gender and power in Africa." Ottawa: International Development Research Center.

农村社区发展：讨论与实践

王晓毅[*]

摘　要： 通过具体案例试图论证中国的农村社区呈现的特征、社区发展的可行性以及社区发展的实现途径问题。讨论了社区和社区发展、中国农村社区发展的背景以及与此相关联的一些问题和社区建设问题。社区发展不是一种理想型，也不是一种模式，而是一种发展方向，是多种力量相互作用的结果。社区中的社会关系是复杂的，包括了民主和参与、庇护与被庇护、互惠和利益竞争等。社区发展要包容这些关系，并使这些关系能够促进社区的形成和社区集体行动，从而在基层建立和谐的社会。

关键词： 社区发展　社区建设　社区关系

从 1980 年代以后，社区发展受到越来越多的重视，在农村发展中，社区发展成为最流行的词语之一，伴随着国际机构和国际 NGO 在中国农村开展项目，社区发展的概念也进入中国，并形成

---

　* 王晓毅，中国社会科学院社会学研究所农村环境与社会研究中心。

了具有不同特色的实践。

许多国际机构在发展中国家的援助活动受到批评，由援助者和咨询公司组成的发展机构将发展援助逐渐变成发展产业，[1] 他们的傲慢、奢侈和高高在上受到了大量的嘲笑和批评，与此同时，社区发展也受到了许多质疑。[2]

我们如果不是单纯从援助项目的角度，而是从社区和发展的角度来看社区发展，那么社区发展则呈现另外的情景。社区的构成是多样的，社区发展的背景和所预期的目标也是多样的。如果从社区的构成来看，社区之所以会存在，其凝聚力也来自不同的方面，既有国家的作用，也有传统的作用，当然成员的共同利益也是重要的因素。而且在发展过程中，各种力量还会相互影响，形成许多意想不到的格局。

这个研究报告希望通过一些具体案例来说明，中国的农村社区呈现什么样的特征，社区发展是否可行，以及有什么样的社区发展。在这个报告中，我们并没有给社区和社区发展下严格的定义，它们是在比较宽泛的意义上被使用的。我们将在报告的第一部分讨论社区和社区发展，在第二部分讨论中国农村社区发展的背景，以及与此相关的一些问题，第三部分将集中讨论。

外部干预下的农村社区发展

20 世纪 80 年代以后，在发展领域，社区受到了越来越多的重

---

① 朱晓阳，2004，《反贫困的新战略：从"不可能完成的使命"到管理穷人》，《社会学研究》第 2 期；Graham Hancock. 2007. *Lord of Poverty*. Camerapix Publishers International.

② Mara Goldman：*Partitioned Nature*，*Privileged Knowledge*：*Community Base Conservation in The Maasai Ecosystem*，*Tanzana*，WRI Environmental Governance In Africa Working Papers：WP#3. Ghazala Mansuri and Vijayendra Rao：*Community-Based and-Driven Development*：*A Critical Review*，World Bank Policy Research Working Paper 3209，February 2004.

视，与社区相关的各种发展理念，如社区为基础、社区推动的、参与式的发展等许多概念涌现，并且向自然资源管理领域渗透，从而形成了诸如社区林业、自然资源共管等理念。在发展的不同领域，社区被做了不同的定义，我们在这里不去特别关注细微的理论差异，至少社区和社区发展形成了三个重要的维度。

第一，强调社区的地方性。从 20 世纪 60 年代开始，伴随着发展援助形成了发展产业，在发展产业中，起主导作用的往往是援助机构和受援助的国家。援助机构通过援助将西方的发展观念透过发展中国家的政府输送到发展中国家的农村地区，援助机构和政府充当着一种救世主的角色。这种发展带来了许多失败，项目达不到预期目标，外来的决策者经常因为不了解当地情况出现决策失误。人们发现集中和简单化的决策会导致发展失败，发展要强调地方性和多元性，社区发展被推荐，因为社区发展体现了地方性。社区发展中强调发展的主体是当地的居民，而非外来的权威和援助机构。

第二，强调社区的地方知识。在传统的发展思路中，发展被简单地等同于现代化过程。接受援助的地区和居民被认为是落后或传统的，需要接受先进的知识和文明。发展就是把现代和先进的知识带入到传统社会中，从而改变传统的社会。所谓现代和先进的知识就是由外来专家从外部带入的技术和文明。但是发展实践表明，简单的现代技术经常无法处理复杂而具体的实践。发展是复杂的，有许多因素是尚未被发现的，当地人在长期实践中所形成的实践知识对于解决具体环境下的具体问题经常更有效，尽管这些知识可能缺少现代科学的解释，缺少系统性，甚至经常显得粗糙和不科学。地方知识不仅仅包括技术，也包括社会规则，传统社会中的乡规民约可能会被认为是不科学的，但是可以解决当地的问题。地方实践知识在发展领域得到越来越多的关注，这带来了发展模式的转变。过去强调发展是一个社会变迁的过程，通过引进科学技术来促成当地社会的变化，现在则是发掘地方知识的合理性，并以此来解决农村发展问题。农村发展就不再只是引进的过程，而且也是农村自我发展的过程。在这样的话语下，传统重新得到了肯定。传统不再被简单地定义为落后和愚昧，而是包含了丰富的智慧。

第三，社区发展往往被与公民社会的发展联系在一起。尽管在滕尼斯社区和社会二分法里，社区与社会是对立的，社区被看做是传统社会的产物，而社会则是近代的社会形态，但是从 20 世纪 80 年代以来，社区发展被认为是公民社会发展的表现，是市场和政府同时失灵以后的发展道路。在经典的经济学者看来，市场和国家是社会中两种最重要的力量，二者相互矛盾，同时也相互补充，在市场不能发挥作用的领域就需要国家的介入，而国家失灵的领域恰恰是市场发挥作用的所在。而在发展领域经常面临着国家和市场的双重失灵，社区被认为是在国家和市场双重失灵情况下的一个解决问题的方法。[1]

从经济学的角度，社区可以被看做是小的团体，这个团体内的信息透明，可以共享，并在此基础上形成相应的制度和规范，从而可以克服集体行动中的搭便车问题。[2] 在经济学关于社区的讨论中，社区被还原为集体行动的问题，从我们上面的讨论中可以看到，社区的意义远远超出了集体行动问题，社区发展概念的提出是希望重新塑造一个社会形态，社区发展反映了在发展研究当中试图建立一种新的模式；这种模式强调放权、乡土知识和减少国家的干预。

中国从 20 世纪 80 年代开始进行改革和对外开放，国际机构开始进入中国实施发展项目，社区发展的概念也被引入到了中国，社

---

[1] Hubert Campfens eds. 1997. *Community Development around the World*, University of Toronto Press. 作者分析了 20 世纪 80 年代以后，社区发展的三个新的趋势，第一个趋势是 NGO 的快速发展和日趋活跃；第二个趋势是通过基层合作来解决社区成员所面对的问题；第三个趋势是人们在探讨所谓第三条道路——在资本主义之外的发展道路，这些都对社区发展形成了强有力的影响。

[2] Jean-Philippe Platteau and Anita Abraham. 2002. "Participatory Development in Presence of Endogenous Community Imperfection" *in The Journal of Development Studies*, Vol. 39, December. London.

区发展所强调的放权、乡土知识和减少国家干预也在发展项目中得以体现。在中国的发展项目中，社区发展呈现了两种态势，即作为手段的社区发展和作为目的的社区发展。

国际援助的发展项目进入中国以后，社区发展的概念也几乎同时被引入，不论是援助机构或咨询专家，都将社区作为重要的发展行动者。在多数项目设计中，社区发展成为项目的组成部分，专门聘请社区发展专家从事社区发展的活动。当社区发展作为项目的组成部分，服务于项目总体目标的时候，我们称这种发展为作为手段的社区发展。典型的如自然资源保护项目，社区发展是服务于自然资源保护的目标。

资源保护项目经常会因为损害了当地人的利益而受到当地人的消极抵制，激化当地居民和外来项目之间的矛盾，这些项目经常因为当地人的抵制或者不合作而流于失败。将社区发展的活动引入自然资源项目管理可以倾听当地人的意见，维护当地人的利益，减少冲突，从而保障项目的成功。

在社区发展作为手段的时候，社区发展所起的作用经常是有限的，是服务于项目总体设计的。

社区发展要求关注当地居民的生计。如果使当地人参与项目活动，并对实现项目目标做出贡献，那么项目就不仅不能损害当地居民的利益，而且要有助于改善当地人的生计。在项目活动中，社区专家被赋予了关注当地居民生计的任务，与社区居民生活密切相关的活动都归纳在社区专家的工作任务下。比如改善当地的基础设施、提供能力建设和增加当地社区居民的收入等，经常都被包括在社区发展的项目活动中。通过改善社区居民生计，从而达到项目目标，并实现项目的可持续。

参与式发展是社区发展的主要手段。在所有项目活动中，都要求项目专家能够倾听社区成员的意见，吸引社区成员参与项目的决策和实施，但是社区专家更强调利用 PRA 作为工具，收集村民意见，制定符合社区成员利益的决策。社区发展服务于项目目标，比如服务于自然资源管理。因为社区发展在于服务项目总目标，经项目活动的设计经常更为灵活，而且因为社区发展活动更贴近社区成员的日常生活，所以对村民有更强的吸引力。在一些项目中，社区发展给当地人留下了比较深的印象，对当地人产生了影响。

社区发展的观念也会渗透整个项目，社区发展的手段在项目中被广泛应用，在这些项目中，经常通过建立社区成员的组织来达到社区参与的目的。社区组织多由直接选举产生，并被冠以各种名称，如社区发展委员会、项目管理委员会，等等。它们不同于原有的社区组织，是为了项目活动服务的，尽管这些组织的成员与原来的许多组织是重合的，但它们经常被宣称是新的组织，与原有的组织没有关系。新的组织成为村民参与项目的代表，尽管社区成员组织要发挥作用必须得到项目执行机构的认可，并且组织内部也并非是民主决策。在社区的范围内，参与项目活动的人都会带着原有的社会关系和社会资源。但是经过选举程序一个新的组织产生了，人们有理由相信新的组织是因为项目进入而产生的，与原有的社会关系脱离了。

作为目的的社区发展也经常以农村综合发展的面目出现，在这些项目中，农村社区发展就是项目目标，而非项目手段，典型的如香港乐施会在中国西南地区开展的一些项目。此外，如世界宣明会、爱德基金会等也开展了以社区发展为目的的项目。社区发展项目一般持续的时间比较长，项目目标比较开放，社区发展项目经常不是单一项目活动，而是由许多项目活动组成的综合规划。

社区发展项目之所以实施的时间比较长，许多都超过 10 年，是因为社区发展是以提高社区的能力为目标的，这里包括提高社区成员的能力，也包括提高社区整体的行动能力。能力的建设并非短时间内可以完成的。在项目支持下，社区很容易选举产生发展委员会，但是委员会并非很快可以开展工作，需要许多条件满足以后，发展委员会才可能开展工作。国际机构和 NGO 所开展的社区发展项目多在贫困地区展开，实施社区发展项目首先要缓解当地的贫困，有效地解决当地居民的生计问题，而解决贫困地区的生计问题绝非一蹴而就，需要较长时间的工作。

为了配合中国的反贫困计划，大多数的国际机构和 NGO 都将社区发展项目放在贫困地区，以反贫困为社区发展的主要目标，在社区发展中强调让贫困人口受益。改善贫困社区和贫困人口的状况是个复杂的过程，要多方面进行投入，包括基础设施建设、改变生产结构、培训当地人才、提供必须的生产资金，等等。每一个社区的发展项目都包括了大量不同的项目活动，通过不同的项目活动，改善贫困社区发展的整体环境和能力，从而增强社区的自我发展能力。项目活动复杂而且多样，从而需要很长的时间来完成。

项目时间长、内容复杂，因而社区发展项目多具有开放性。比较其他类型项目，社区发展项目的设计更灵活，目标也更多元。在项目开始的时候，社区发展项目经常仅有一个大体的设想，而不是具体的项目计划，在项目过程中，不断发现社区发展的需求，从而不断制订出新的项目活动和项目计划。在社区发展项目中，往往会一个项目活动结束又开始一个新的项目活动，社区发展变成了以社区为目标的发展，社区没有形成自我发展的能力，社区发展项目也就不会结束。

尽管存在着不同的社区发展模式，这些模式被赋予不同的目标和预期，但是因为这些社区发展还是由外来的援助者所主导的，所以都无一例外地带有发展产业的通病。

社区发展所依赖的是项目援助，项目援助的周期经常成为社区发展的周期，尽管社区发展强调发展的可持续性，但是由于项目不是可持续的，所以项目结束以后所产生的变化是不确定的。社区发展项目时间长、项目多样，并且涉及的社区成员比较多，因而所引起的社会变化也会比较大。在项目期间，项目的干预决定着社区变化的方向，但是在项目结束以后，缺少了原有的干预，项目期间所形成的关系模式被打破，就会出现不可预期的变化方向。社区发展项目所引起的社区的变化是一定出现的，但是在社区成员的选择下，变化的方向却会出现转向。典型的如联合国儿童基金会在内蒙古的项目，在项目的设计中是关注社区发展的，但是在项目结束以后，项目成员形成了基层的组织，社区服务就退缩为组织成员的服务。

农村社区的传统与重构

援助项目将社区发展作为发展的主要手段之一，在中国实施了许多社区发展项目，但是这并非社区发展的全部，如果我们将社区发展定义为在国家和个人之外的一种发展力量，那么我们可以看到，从 20 世纪 80 年代人民公社解体以后，农村社区在很多方面承担了农村发展的任务。中国农村发展构成了非项目的农村社区发展经验。

农村改革是中国农村发展的里程碑。人民公社解体和家庭为单位的生产责任制对农村社区产生了正反两个方面的影响，人民公社的解体将农村社会从国家的直接控制中解放出来，从而为农村社区的发展提供了前提；但与之同时，农村社区受到政策、市场和现代化的影响，传统社区的职能受到削弱。

社区发展与集权制度是对立的，集权制度强调中央政府对基层的直接控制，要消减基层的自主性。在中国，中央集权政府一直在通过各种方式强化对基层社会的控制，并形成了高度集权的中央政府，这被学者称为东方的专制主义。但是专制主义的中央政府对基层的控制仍然受到限制，这种限制首先来自于基层的组织结构，由于民族不同，所处地理条件不同，各个地方因地方特色发展了不同的组织结构。国家在中原农业区域推行的农村基层组织制度，如经常被学界讨论的三老、乡约或保甲制度并不能延伸到中原地区之外，对于国家来说，有大量化外之地是不透明、无法直接进行统治的。当时的基础设施和技术手段也限制了国家进入基层社会，如交通条件就限制了国家正确深入农村基层社会。进入 19 世纪以后，国家在现代化建设中，通过建立现代的国家制度，如乡村行政组织、警察和学校制度，国家渗入到了农村基层社会。国家对农村社会最全面的控制是在人民公社时期。

作为农村集体的人民公社与农民合作具有本质的区别，人民公社服务于计划经济体制，将分散的农民组织成为集体，并加以严格控制，从本质上来说，人民公社体制是国家控制农民的工具。开始于1980年代的农村改革在国内经常被概括为包产到户，而在西方学界经常被冠以"集体化的解体"，尽管两个概念所讨论的是同一个过程，但是所侧重的内容却不同，包产到户将讨论的重点引向了农村集体与农户的关系，所以在承认包产到户提高了农民生产积极性从而促进农村经济的发展的同时，也强调在农村集体解体以后，原来依靠农村集体提供的公共服务越来越弱，农村社会被原子化。而强调集体化的解体则关注了国家与社会的关系、计划经济，以及与计划经济相联系的人民公社制度解体解放了国家对农村的束缚，地方政府成为发展的主要推动力。

地方政府具有推动经济发展的欲望，在成功地促进地方经济发展的同时，农村社区所面临的状况却是复杂的。

在1980年代到1990年代，中国农村改革的主导思路是用市场代替政府在经济发展中的作用，市场经济在农村迅速发展，政府在农村社区的作用开始受到削弱，这种削弱为农村社区发展提供了最基本的条件。伴随着国家减少对农村的直接干预，农村基层社会获得了发展的可能，在这样背景下，不同的农村社区选择了不同的应对策略。

从1980年代到21世纪初是中国农村的剧烈变化时期，国家对农村的直接控制减弱，在国家之外的各种社会组织资源开始重新活跃，并在社区发展中扮演了不同的角色。

人民公社并没有能够将农民社会传统的组织资源消灭，只是民间的力量被国家的力量所压制，隐藏在人民公社结构下面，构成了一种底层的社会，当国家的力量弱化以后，民间的力量就显现，填补了国家退出以后所形成的社会空间。1980年以后，农村社会民间组织恢复和发展得非常快，包括传统的金融组织，如活跃在南方，包括东南沿海和西南山区的钱会。人民公社时期，由于生产是由集体统一组织的，农户不需要生产资金。农民遇到生活困难的时候，他们也只是去生产队借粮，但是生产队解体以后，农民遇到了生产资金短缺的问题，他们恢复了原来所熟悉的钱会制度，村内相互熟悉的妇女联合起来，将自己的钱凑起来解决生产所需的资金问题。

在农村，体现老人权威的老人会或宗族也恢复起来了。老人会和宗族的恢复往往包含了两层意义，首先是老年人的娱乐，体现了农村的孝道，老人会经常成为老年人聚在一起，休闲娱乐，主办一些老年人的事情，特别是丧事的地方；其次，老年人也成为维护社区秩序的象征。如果说由于社会的变化，老年人在家庭中的权威受到动摇的话，那么老年人聚集在一起，就逐渐形成了社区权威，他们对社区的公共事务有着明显或潜在的影响。

此外还有多种农村基层组织在恢复或重建，如依靠宗教或寺庙形成的农村社会网络，甚至因为管理水利设施而形成的跨村庄的农民组织。

当国家放松了对社会的控制，社会就获得了发展的空间，但是社会并没有准备好的制度和组织，他们便会利用他们最为熟悉的传统社会组织资源，这些组织资源并没有因为人民公社的建立而彻底消失，在适当的条件下便重新成长起来，并在社会中发挥作用。

如果将上述的组织和关系网络称为传统组织资源的话，那么与传统组织相对应，在中国农村还存在着另外一种传统资源，如果借用安德鲁·瓦尔德的概念，也许可以称这种传统为新传统。人民公社在农民生活中留下了很深的印记，这包括土地的集体所有制度，也包括农村的集体资产和集体主义。土地是农民最基本的生活资料，人民公社消灭了土地的私有制度，农村改革将土地的所有制赋予了农村集体，村庄成为土地的所有者。尽管土地承包给农户经营，而且这种经营权利越来越稳定。土地的集体所有制形式赋予了村庄集体的形式，尽管在许多地方，村级组织所发挥的作用已经很弱，但是村庄仍然是农村最基本的社会单位，因为村庄的土地将村民密切地联系在一起了。

人民公社还给许多村庄留下了集体资产，尽管有许多村庄的资产可能是负资产。集体资产包括由村庄集体支配的资源类资产，如山林、农场、池塘等，也包括村庄集体支配的房产和企业等。从20世纪90年代以后，大多数村庄不再直接经营这些资产，而将这些资产承包经营，村集体得到经济收入。在多数村庄，集体资产的收入有限，收入的大部分被用于村干部的日常消费，既包括公务消费，也包括个人消费。但是一些村庄，集体资产所产生的收入不仅仅被用于消费，而且有盈余可以被用于村庄的公共设施建设和为村民提供有限的服务，如为贫困户提供有限的救济，为农业生产提供有限的服务，如打井、灌溉等。

农村集体所留下的遗产还包括村庄内被认可的价值和规范，人民公社建立了以集体主义为核心的价值体系，尽管近年来农村集体主义已经很少表现在行动上，而是表达为一种批评，批评村庄的干部不公平和不作为，也批评村庄对公共事务缺少管理。这种批评中包含了农民隐含的集体主义，因为现在的农村集体没有能够提供村民所需要的公共物品，所以引起村民的不满意。

与社区传统资源不同，新传统所形成的社会权威与国家权力有更密切的联系，比如新权威往往是以村内的干部为代表，他们得到国家和政府的认可，国家对农村的政策和资金支持大多经过村干部的途径发放。因此村干部不仅是农村集体的代表，也是国家权威在基层的管道。将新传统和基层政府权威集于一体，并为村民提供公共服务，从而展现作为社区的农村集体。

近年来，我们看到构成农村社区发展的第三类资源也在逐渐产生，就是在市场化机制下新兴的农民社会组织。农民组织有许多类型，这里讨论的是农民社会组织。从国家管理的方便角度看，政府往往支持单一功能的农民组织的产生，如专业合作社是典型的代表。但是对于农民来说，他们对组织的需求经常是复杂多样的，因此农村社会组织也往往承担了多种职能。农民社会组织的职能首先是将分散的农户组织起来，使农户具有归属感，在组织的作用下，他们不再是单独的个体农户，而是有了组织可以依赖。其次，组织起来意味着农民社会资源的整合，农民的经济资源和社会资源整合可以增加农民的机会，减少风险。再次，作为组织成员，农民与组织的关系经常是全方位的，组织不仅仅关注经济活动，而且会关注农民的社会行为，关注农民的文化活动。

1980 年代以后，国家改革的总体思路是用市场的力量代替国家的力量，主导农村的发展。但是农村的发展并非仅仅是经济发展，还包括了大量的社会事务，而且经济发展也并非仅仅依靠市场就可以完成，在这种情况下，我们看到了三种社会资源的成长，并成为社区发展的潜在资源。社区发展资源动员的过程就变成了社区发展的过程。

改革以后的社区重建与发展及项目推动的社区发展呈现了不同的特点，它们的形式更多样，所动员的社会资源也是多种多样的，但是我们看到，它们在本质上都要回答几个共同的问题。

第一，集体行动的基础。社区发展意味着依靠社区集体的行动来解决社区成员所面对的共同问题，这首先需要将分散的农户联系起来。动员农户所依赖的资源不同，但其目的都在于动员农户。

第二，社区发展的重要内容是提供公共物品。单独农户的发展需要有公共物品的支持，如与生产和生活直接相关的灌溉、交通等。农户的生产和生活需要公共物品的支持，而国家和政府提供农村公共物品不足，社区提供公共物品可以满足农户对公共物品的部分需求。

第三，发展经济是农村社区发展的重要内容之一。从 1980 年代以后，发展经济成为国家的首要目标，这也影响到了农村社会的所有活动，发展经济、增加农民收入是任何一项活动取得合法性的标志。因此，社区发展不仅仅关注社区的社会事务，更关注社区的经济发展。新传统得以顽强保留的村庄经常是集体经济比较发达的村庄，集体经济的收入支持了社区的公共事务。一些学者将1980年代以后集体经济发达的村庄称为"庄主经济"，所谓集体经济被认为是虚假的，实际经济被控制在村庄的一小部分人手中。这种观察无疑是正确的，大部分比较发达的集体经济都体现了家族统治的特征。但是还要看到的另外一个方面，在这些村庄中，控制权力的人在对村民和村庄经济实行控制的同时，需要给村民提供庇护，提供就业和增加收入的机会。新型的农民组织尽管组织了许多社会活动，但最终也仍然要会关注如何发展经济，提高村民的收入。

我们还要看到的一个事实是，重建农村社区和发展已经不能自我封闭了，所有这些组织资源都依赖于与外部社会的联系，新型农民组织必须与政府相关部门和市场联系在一起，他们需要外部的资源支持，而新传统与地方政府保持了更为密切的联系，甚至那些传统的社区资源也需要外来的力量提高他们的能力，加强他们的影响。

社区建设问题的讨论

经过对中国农村社区发展进行了一些简单的描述以后，我们现在可以回过头来重新分析中国社区发展的一些基本的理论问题，我将这些问题分成三组：第一组讨论社区发展宏观背景问题，第二组讨论社区发展实践所浮现出来的问题，第三组讨论社区发展的理想与现实问题。

从制度设计上来说，中国农村正面临着市场化和民主化的双重变革。市场的规则不仅渗透了农村的经济生活，甚至也开始渗透农民的社会生活。市场的原则与社区发展的原则有很大的差距，比如市场更加容忍不平等，倾向于支持家庭经营。即使在市场经济中所强调的合作，也往往并非是以社区为基础的，而社区则更多地强调平等和集体行动。社区发展往往被认为是因为市场的失灵而寻求的替代方法，但是在中国农村，市场经济的话语仍然处于主流话语的地位。计划经济的结束是给市场经济提供了空间，而非给社区提供了空间。社区发展是对市场和政府这样一个二元话语的否定。

在中国农村发展中，社区发展又不是简单地重复所谓第三部门，或者公民社会的概念。因为中国的社区发展是与市场和国家的权威紧密联系的，社区并不是独立于国家和市场之外的，社区的存在是提供了一个新的行动主题，但是他们的行动经常是在国家和市场的框架之内的。

我们再看看第二个大背景，农村的民主化进程。人民公社解体以后重建了行政村，行政村被定义为农民自治组织，村委会的干部由村民民主选举产生，负责村民的自我管理。乡村民主化的进程是决策权下移的过程，村民有权利通过集体的讨论决定村庄的发展方向，管理乡村事务，这与社区发展中所强调的参与式发展是一致的。但是因为村民选举经常受到各种因素的干扰，特别是基层政府和乡村中权势集团的干扰，这种民主的发展格局经常并不能保证实现。其次，村民选举越来越普及，但是村委会能够掌控的资源越来越少，由于村庄的大量资源都通过各种方式被承包到农户经营，国家对农民的支持大多直接发放到农户，民选村委会的职能越来越弱，没有资源支持的民选村委会经常无所事事。近年来国家加大了对农村的支持力度，除了那些直接到户的补助资金以外，其他大部分资金都是通过项目支付的，村干部的职能便转为如何跑项目。他们被民主选举产生，但是必须要周旋于政府各部门之间才能获得发展的资源，这重新塑造了村庄与政府的关系，尽管民主选举使村庄具有了自主权，但是它们为了获得有限的发展资源，又不得不依赖与政府部门的关系。

基层民主化是受到国家统一的法律和政策规定的，村民的权利也受到许多制约，忽视了地方多样性的地方民主，经常导致的不是社区发展，而是民主化的表演。

我们说，农村经济的市场化和农民社会的基层民主建设为社区发展提供了可能，但是这种可能要转化为社区发展的行动，还需要积极的行动者。

第二组问题涉及社区发展中的社区重建，以及精英和成员参与问题。社区发展的前提是社区的存在。社区不是一个简单人口单位，也不是一个行政区划、一个村庄或者一群人都不能构成一个所谓社区。如果我们从发展角度来看社区，社区可以被看做是一个能够持续存在的、可以采取集体行动的社会基层单位。

如果是能够持续存在的社会基层单位，那么这个单位就不是由任何外来力量组建的，而是有着自己特定的资源、边界和传统。因此，社区发展不同于农民组织，因为农民组织是可以为了单一目标而组织起来的农民，可以没有特定的资源或边界，也无需传统的支持。社区也不同于一个行政划分的区域，这些区域也经常是不可持续的。进入 2000 年以来，政府通过村庄的合并，改变了原有的村庄格局，但是这些新建立起来的村庄大都并没有整合起来，只是政府进行社会管理的一个单位。当然这不意味着社区是不可以变动的，社区发展行动本身也在不断调整社区的边界。但是在社区建设中，要关注社区资源、文化的建设。

如果要社区成员能够采取集体行动，就要经常要求社区成员具有共同利益，至少在采取共同行动的时候，获得的利益要大于损失的利益。然而，农村社区正处于剧烈的变动时期，成员的利益高度分化，寻求成员的共同利益变得比过去更加困难。在一个社区中，成员的利益经常是相互冲突的。过去集体行动的研究中主要关注的是如何克服搭便车的行为，但是涉及利益相互冲突时，如何采取有效的集体行动，可能是社区发展中遇到得更多的问题。发展研究推荐通过建立协商机制来解决利益冲突，仅仅有协商也许是不够的，协商可以化解矛盾，减少冲突；同时也许需要社区发展机制具有更强的包容性，从而能够使冲突的利益都得到表达；当然具有约束力的规范也是不可忽视的。

在社区集体行动中，需要建立具有约束力的规范是维持社区集体行动最重要的因素，而具有约束力的社区行动规范需要具有特殊性，但是我们看到在强调法制化的今天，普遍性的制度正在代替特殊制度在社会生活中的作用，违背社区规范变得越来越容易，这是社区发展所面对的困难之一。

维持集体行动和建立权威经常遇到的矛盾是社区成员与社区精英之间关系的问题。社区精英在社区发展中经常扮演很重要的角色，如他们经常成为集体行动的核心，社区成员团结在他们的周围，他们被公认为社区发展团队的领袖；这些精英与外界保持了良好的关系，因此他们可以动员外部的资源，从而促进社区发展，并避免社区受到外来的干扰；他们也经常成为社区规范的执行者，他们的存在形成了社区的权威。事实上，我们假设的社区内平等参与的关系是很少存在的，精英往往扮演庇护者的角色，而社区成员往往成为被庇护者，精英承担了更多的责任，因而也就掌握了更多的权力，具有更强的权威。但是这种关系也并非不受制约的，当精英与一般社区成员的距离被不断拉大以后，社区成员与精英就会形成脱节，社区发展就会受到挫折。

社区发展强调参与和民主的决策机制，但是这种参与和民主的决策机制经常是建立在精英权威基础上的，精英主导发展的现象普遍存在。为了抑制精英的权利，人们采取的措施往往是减少精英所控制的资源，希望通过外界权威的作用抑制社区内部的不平等，而结果往往以减少社区自主性为代价。

社区中的社会关系是复杂的，包括了民主和参与的关系，更包括了庇护与被庇护、互惠和利益竞争，社区发展要包容这些关系，并使这些关系能够促进社区的形成和社区集体行动。

从我们现在的调查资料看，农村社区已经是开放而不是封闭的了，社区与外部社会是不可分割的。这种联系体现为外部资源已经构成了社区发展的重要力量，单纯依靠社区内部的资源，已经很难克服社区所面临的各种问题；社区内部的结构也受到外来力量的制约，比如那些在外部社会有关系资源的人，往往在社区内部也皆有权势。政府对社区的影响更是不可低估的，甚至社区发展的目标和结果也经常受到外来力量的影响，将社区孤立起来所设计的社区发展已经无法实施。

最后，我们看到，社区发展不是一种理想型，而是多种力量相互作用的结果，不存在经典意义上的社区，因为尽管社区的自然边界可能是清楚的，但是社会边界经常是不清晰的，人员的活动和交往越来越频繁；社区存在公共问题，但是成员与这些公共问题的相关程度是不同的，因此通过集体行动来解决这些公共问题，不同成员的收益是不同的，所以积极性也会不同。创造一个联系紧密的社区，并通过集体的行动来克服社区所面临的公共问题，并使社区成员受益，是社区发展所追求的发展方向，但是并不会完全实现。

国际机构通过项目启动的社区发展，往往会关注社区发展的可持续性。从我们的研究来看，如果我们观察项目活动的影响，许多影响会持续很长时间，比如在太白山区，由于太白山保护区实施了共管的项目，保护区周边村民与保护区的关系得到了很大改善；但是如果说作为一种管理模式，在外部支持撤出以后，管理的模式就会发生变化，最典型的如乌审旗的妇女儿童发展项目，项目机构逐渐转变为关注金融活动的信贷机构，原来所设计的社会发展内容逐渐地弱化，甚至消失。

社区发展不是作为一种模式，而是作为一种发展方向将对中国农村发展产生影响，这种影响包括参与和民主的决策机制、基层社会能力建设，以及保留并弘扬社区内的互助、互惠庇护关系，从而在基层建立和谐的社会。

良美村的桑蚕种养业：
基于微观家庭生计的人类学分析

杨小柳　谭宗慧[*]

摘　要：本文关注了云南香格里拉县一个贫困村庄推广蚕桑种养项目的经历，思考为什么市场化的种养扶贫项目无法达到预期的增收目的。通过对微观农户家庭参与蚕桑种养项目的经济分析发现，由于贫困人口在市场化进程中所处的弱势地位，他们以家庭为单位形成了一套应对市场风险的策略。这套策略能有效防止农户在激烈的市场竞争中血本无归，却又导致了农户在参与市场化进程中的保守，无法使种养扶贫项目达到农民增收的目标。

关键词：市场化　开发式扶贫　家庭生计

一　问题的提出

中国政府自 20 世纪 80 年代开始，在全国范围内实施了以解决农村贫困人口温饱问题为主要目标的有计划、有组织的大规模扶贫

---

* 杨小柳、谭宗慧，中山大学社会学与人类学学院。

开发工作，取得了举世瞩目的成就。其中，作为重要经验的开发式扶贫方针是中国政府农村扶贫政策的核心和基础。开发式扶贫被认为是对过去传统的分散救济式扶贫的改革与调整。所谓的开发式扶贫方针，就是以经济建设为中心，支持、鼓励贫困地区干部群众改善生产条件、开发当地资源、发展商品生产、增强自我积累和自我发展能力，其主导思路为通过市场化来改变贫困，核心内容是国家安排优惠的扶贫专项贴息贷款，制定相关优惠政策，重点帮助贫困地区、贫困农户发展以市场为导向的种植业、养殖业以及相应的加工业项目，促进增产增收。

　　然而，在以市场化为导向的"短""平""快"种养业在实践过程中常面临着达不到目标，甚至失败的问题，经常的表现是：要么项目在贫困地区难以推行，即使政府花了很大力气，仍难以产生效果，比如笔者在凉山地区的调查就发现了当地政府和老百姓都乐意开展的牲畜饲养项目的市场化面临着重重困难，因为当地老百姓把大量养殖的牲畜用于文化性的消费，而用于市场交换的牲畜却很少；要么是政府花大力推行，农户也积极参与了项目，但市场的瞬息万变使贫困地区的种养产业失败。如笔者在云、贵、桂等省区对世界银行贷款西南扶贫项目的研究就曾发现当年被视为具有市场潜力的产业项目，如水果、药材等经济作物，在项目还没结束的时候就已经在市场的重创下完全失败。

　　很多从事发展研究的学者早就注意到了开发式扶贫在实践中面临的上述问题，并对其分别进行了分析和反思，学者们大多认同农民在市场中的不适应和弱势地位直接导致了产业化项目的失败。大致有以下两条思路。

　　一是有学者倾向于认为产业化项目的失败与扶贫开发援助的模式有关。穷人具有一套与市场化运作逻辑不同的地方性知识体系，这套地方性知识体系，阻碍了穷人参与到市场中来。如王小强和白南风在《富饶的贫困》一书中把"久扶不脱贫"归结为"不发达的发达"，也即"落后地区贫穷人民在富饶资源面前的表现——在干什么成什么的资源基础上，干什么不成什么"。① 两位作者认为，造成我国西部地区"越输血越贫血""越扶越穷"局面的根本原因是人的素质差，这是所谓"落后"概念的本质规定。他们所指的人的素质，就商品经济发展而言，特指人从事商品生产和经营的素质。人的素质与社会发育程度成正比，西部地区保留了自然经济的惯性，社会发育程度还没有达到商品经济发展阶段的要求。在改革开放以来以商品经济为主导的社会中，不具备商品经济素质的西部地区，以自然经济的手段去达到商品经济的目的，从而"导致越扶越穷""越输血越贫血"。② 因此，在发展援助的过程中，应引入文化和社会的视角，改变穷人在项目过程中的沉默和被动适应的局面，从而使项目设计与穷人的地方性知识和发展需求相适应，由此这些学者提出了赋权和参与的观点。这一观点与 1990 年代国际发展援助领域兴起的参与式发展潮流一致。参与式发展是 1980 年代以来人们对以技术为中心的、从上自下的、保守的传统发展模式反思和批评基础上形成的发展新思维，提倡"以末为先"（put the last first）③ 的参与式理念，强调穷人是发展过程中的主体，能够通过参与"影响、共同控制与他们相关的发展介入、发展决策和相关资源"。④ 而援助的本质应该是一个激发主体影响和控制发展行动的过程。

二是认为产业化项目的失败与贫困人口在市场中所处的边缘和分散局势紧密相关，由此提出了农民组织起来，建立农民合作组织

① 王小强、白南风，1986，《富饶的贫困——中国落后地区的经济考察》，成都：四川人民出版社，第 40 页。

② 王小强、白南风，1986，《富饶的贫困——中国落后地区的经济考察》，成都：四川人民出版社，第 132 页。

③ 参见 Robert Chambers. 1983. *Rural development: putting the last first*. London: Longman. 钱伯斯（Chambers）早在 1983 年，就在他的畅销书中提出了"put the last first"的口号，一度成为引领参与发展潮流的标志性口号，这一口号把矛头直接对准了发展者与发展对象之间不平等的权力关系上。

④ World Bank. 1996. *The World Bank Participation Source Book*, p. 6. Washington D. C.: World Bank.

的、提高应对市场风险能力的扶贫开发思路。农民合作组织是以专业户、科技示范户和技术能人为基础，从事技术服务、信息服务、生产资料供应以及农产品加工、贮运、销售，融产前、产中、产后服务职能为一体，由农民自发自愿组织起来的自我服务的技术经济合作组织和利益共享体。它是把广大分散的农民和相对集中的市场连接起来，引导农民进入市场的中介，也是在激烈的市场竞争中农民自我保护的组织形式之一。行动层面上，与一系列推动农业产业化、市场化，发展短、平、快的种养扶贫项目的推进一致，形成了五种农民合作协会：①自办型。即农民自己组织兴办的合作经济组织。②改造型。即由原来的企业改造而来。具体又有四种情况：一是将乡村企业改造成合作经济组织；二是将供销社与农民重新联合，组建成合作经济组织；三是将个体私营企业改造成为合作经济组织；四是由几个经营主体联合并改造成合作经济组织。③领办型。即由农技、畜牧等涉农部门领办的合作经济组织。④依托型。即以农产品加工、运销等龙头企业为依托，兴办合作经济组织，实现龙头企业、农户和合作经济组织的有机结合。⑤虚假型，出于各种目的由各种机构组织的虚构的协会。①

　　上述研究和分析均是把产业化的种养项目的失败归咎于穷人应对市场的能力不足，并尝试从提高项目的地方互适性或增强穷人的组织程度，来改变穷人在市场中的不适应和弱势地位。这些观点是从市场的角度出发看待贫困人口，以衡量农民在市场化进程中表现的不足和缺陷，潜在的目的是将穷人塑造成适应于市场化发展需要的农民。很少有学者从扶贫对象的角度看市场，分析弱势的农民对"市场"的判断和态度，以及面对市场时的适应策略，比如从微观农民家庭经济的角度出发分析，思考一项新的农业产业项目对农民家庭增收结构发挥的影响。从这一视角出发看市场中弱势的农民，

---

① 周大鸣、秦红增，2005，《参与式社会评估：在倾听中求得决策》，广州：中山大学出版社，第458~459页。

展现的会是怎样的农民形象呢？相关的发现又会为解释开发式扶贫项目的失败带来何种启发呢？

本文关注了云南香格里拉县一个贫困村庄推广蚕桑种养项目的经历，思考为什么市场化的种养扶贫项目无法达到预期的增收目的。通过对微观农户家庭参与蚕桑种养项目的经济分析发现，由于贫困人口在市场化进程中所处的弱势地位，他们以家庭为单位形成了一套应对市场风险的策略。这套策略能有效防止农户在激烈的市场竞争中血本无归，却又导致了农户在参与市场化进程中的保守，无法使种养扶贫项目达到农民增收的目标。

二　蚕桑种养业的微观分析

良美村属香格里拉县上江乡，距香格里拉县城有一百多公里路程，是国定贫困县香格里拉县中的一个贫困村庄。2008 年全村有 12 个生产小组，645 户，2673 人。该村地处金沙江沿岸，耕地集中分布于金沙江冲积而成的台地上，土地不平整，沟坎较多。全村共有耕地 2114 亩，其中水田 1788.6 亩，其余是旱地和沙地，人均可耕地面积大概为 0.79 亩。每个生产小组所处地理位置不同，占有耕地情况相差较大。

村中农民主要以种植小麦和玉米为主，同时还种植水稻、蚕豆、油菜等作物。在粮食价格比较好的时候，农民主要靠卖小麦和玉米来获得收入，而水稻则主要是自家食用。但是，近些年来由于粮食价格不高，粮食生产成本增加，农民虽还种粮，但多不愿将粮食直接卖与别人，而是将粮食用来喂养猪。养猪是这个村庄农户获得现金收入的主要渠道之一。外出务工也是村庄的经济收入来源之一，村中大概有 10% ~ 20% 的青壮年劳动力外出打工，但人们并不认为外出务工可以发家致富。一位报告人曾说，他家虽然有两位兄弟外出务工，但是对提高家庭经济收入却毫无帮助，外出务工唯一的好处就是外出人员可以不消耗家中的粮食，在外面还能长点见识。

2001年之后，香格里拉县政府以产业调整为契机，通过经济结构调整和农业产业化提高农民经济收入，改善县内的贫困状况。良美村所在的沿江河谷地带被纳入以种桑养蚕为主导的产业结构调整范围。该县种桑养蚕项目预期是通过10年时间实现种桑3万亩，产鲜茧3000吨，实现产值6000万元。为推动项目的顺利进行，县政府专门设置了蚕桑办，在乡设置了蚕桑产业开发领导小组，由县到乡形成梯级管理形式，负责在项目区开展宣传，为蚕农提供技术服务。从2001年到2006年，县政府向项目区共投入各类扶贫资金450万元，用于桑苗、蚕房建设和技术人员培训等，其中以桑苗补贴为主。项目区内桑农按自己栽种量上报所需桑苗量，经政府核查统一订购后，由农民免费领取，实现桑苗全补贴。此外，政府还为参与项目的农户提供扶贫无息贷款。2003年，政府把种桑纳入到退耕还林项目中，农民种桑不仅可获得退耕补贴，而且还可以获得林权证。2006年的统计数据表明，当年项目区种桑已达到11000多亩，实现产值525万元，这是蚕桑项目发展得最好的一年，不论是种桑面积还是产值都达到了最高点。到2008年，整个项目已经发展近8年，当年实际产值才有450万元，离6000万元的预期目标差距非常大，桑树的面积也才有1万多亩，整个项目进入了发展停滞的局面。县蚕桑办的年度工作报告，对这种情况的解释：一是蚕茧市场价格波动大，打击了农户参与项目的积极性；二是蚕桑办人力、物力、财力和权力有限，项目的宣传和投入还不够。

良美村种桑养蚕项目推广的情况大致与全县一致。笔者调查的2008年，良美村种桑户共计323户，种桑户占全村户数的比例大概为50%。桑园主要分布在沿江公路地带。从整个村落来讲，种桑户主要集中在三队、七队、八队、九队、十一队、十二队这6个村民小组中，其他小组退耕还林的土地相对较少，村民们不愿意将比较好的土地用来种植桑树。养蚕户仅为130户左右，养蚕户在种桑户中所占的比例为40%左右。也就是说，有60%的农户只种桑而不养蚕，种桑而不养蚕现象很明显。

自从政策规定种植桑树可以获得退耕还林补贴后，农户的种桑热情被大大激发了。各生产小组依据自己的地理条件，把产量不高的坡地、荒地、沙地都种植成了桑田。那些家里非丰产土地较多的人家桑园就多。许多农户种桑并非是为了养蚕，只是为了得到退耕还林补贴。

这些种了桑而没有养蚕的人家，有些是潜在的养蚕户，他们根据当年蚕茧的价格决定自己下一季是否养蚕，如果蚕茧价格高，就养一些补贴家用（数量总是很少），如果蚕茧价格不高，他们就将桑田承包给大量养蚕而自给不足的养蚕农户，而承包的对象往往是家里的亲戚或朋友，当地人说这是肥水不流外人田。有些是因家中缺乏劳动力，连种庄稼的人手都不够，养蚕就更不用提了。这样的人家，即便种植了较多桑树，养蚕收益较高，也只能看着别人赚钱，只有将自家的桑田租给那些养得起蚕的人家。还有些人家养不起蚕，因为养蚕要有大量的前期投入。虽然桑苗是由政府免费补贴的，不需农户自己掏钱，但是要想养蚕，农民还得投入更多成本，如建造蚕房要花钱（因为蚕比较敏感，蚕房构建要求严格：既能保温，又可以透风；既要封闭，又要能够透光。这样普通的农户住房就不能满足养蚕的需要，要养蚕就得建专门的蚕房）。养蚕所用的蚕架、蚕簇等都要花钱购置。蚕种，政府虽给一定的补贴，但是每张蚕种农户还是要投入 50 元钱的成本。而极少有人不养蚕，仅卖桑叶给那些养蚕多而桑叶不足的人家。如果桑园没人承租，那么很多村民就干脆选择荒弃桑园，不加以管理。

从以上的分析来看，这些只种桑不养蚕的农户与市场化的蚕桑业基本没有关系，植桑的规模并不能反映蚕桑种养项目推广的效果。真正与市场化的蚕桑种养业相关的是那些既种桑又养蚕的农户。养蚕农户根据其养殖规模的大小，大致又可以分为三类。

（1）徘徊的养蚕小户。养蚕的数量较少，养蚕在一张以下。这些养殖户有一定的养蚕经验，但由于对市场行情的拿捏不定，而在心理上处于一种养与不养之间的徘徊状态。像这类家户在整个村中，主要出现于养蚕户数较少的几个队。在所有养蚕户中大概有25家，所占比例大概为19%。

这种养殖户的重要特点在于他们对养蚕抱有一种赌博的心态，并没从心底想通过养蚕来改变家中的经济环境。这些家庭土地有限，家庭的经济来源主要是外出务工或是药材类，家中收入不高，生活可维持温饱且过得舒服。他们的土地都用来种粮，粮食除了自家食用或喂点猪、鸡外，很少能够有节余卖出，是典型的自给型家庭。他们不愿意或者说不敢把好的耕地用来种桑，因为只有在确保粮食自给的基础上，他们才可能去养蚕。他们也不愿意对养蚕投入过多，养蚕设备一般都不太规范。他们养蚕是由于他们认为或者可以赚点钱。因为毕竟土地上种了桑树，家中又有富余劳动力。把桑树荒废了也是荒废了，人闲着也是闲着，就养点蚕吧，或者可以赚点钱。

这种家户在遇到蚕瘟等风险时，或是蚕茧市场价格特别低时，往往就放弃养殖。一些人家，守株待兔，看市场行情决定是否养蚕。还有些人家，看政府对种植桑树的土地不再给予粮食补贴，把桑树也挖了，重新栽种粮食。

（2）数量中等的养蚕户。这种类型的农户养蚕量在1~3张之间。一般有较长的养蚕年限，养蚕规模比较稳定，季度养蚕量变化小。这类养殖户所占比例最大。从2008年早秋蚕养殖情况来看，这种类型的农户大概有七十多家，占到所有养蚕户的63%。

这种农户，在种养结构上，对养蚕的地位已基本认可。他们确实是把养蚕作为家中一项比较重要的收入来源，但是，却不是绝对的收入来源。这样的家户，往往有较多的劳动力，有相对较多的低产田退耕种植桑树，粮食耕地较少，光靠种粮喂猪，家中的经济显得拮据。在没有其他更好赚钱门路的情况下，这样的家户就把养蚕看得比较重，将其作为种粮喂猪外的一个重要的收入来源对待。

以现在的养蚕情况来观察，他们可能不会再扩大养蚕量。这样的家户可以说在种粮养猪和种桑养蚕之间已经形成了一种平衡。在心理上他们不会完全放弃种粮，而在土地有限的情况下，他们也基本上不可能有扩大养蚕量的条件。这类家户在养蚕的态度上，显得比较积极，对蚕桑技术的推广和传播，还有对蚕茧市场的关注都比较多。从某种意义上来说，这类养蚕家户是整个项目推广中的中坚力量。

（3）种养数量相对较大的养蚕户。这类养蚕户在所有养蚕户中所占的比例不多，养蚕量为 4 ~ 7 张，而且多集中在十一队和十二队，其他队基本没有养蚕大户。其中十一队是开展种桑养蚕产业最早的队，养蚕技术较为成熟。而十二队的种桑养蚕是在 2008 年才有明显的发展，因为十二队的新任队长是县里蚕桑技术员，他在自己所在的队大力发动村民养蚕。整个良美村养蚕较多的农户有23 家，占总养蚕农户数比例大概为 18%。大规模养蚕需要具备以下几个条件：①大规模的桑园，这需要有大面积的土地作为保障，是提高养蚕数量的必要条件，养蚕较多的农户往往需要承包别人的桑田来满足自家养蚕的需要。如十一队，共有 60 户人家，除了两户人家没有种植桑树外，其余人家多少都种有一定的桑田。有 20户将桑田承包出去，有两家将桑田荒置，有一家让亲戚管理。②足够的劳动力，劳动力缺乏而想规模化养蚕就比较困难，养蚕较多的农户一般外出务工的人员较少。③要有充足的资本保障，因为养蚕所需的蚕房、养蚕工具还有其他药物等成本的投入，需要有足够的资金保障，养蚕盈利一般三年以后才可实现，而且要市场价格稳定且没有大的损失。

笔者调查发现，对于这些养殖数量较大的农户，养蚕仍然不是家中唯一的经济来源。养猪对于这些养殖大户来说，是另一个重要的收入来源。笔者调查中就遇到养蚕大户家有养猪达五六十头的情况。特别是 2007 年猪价猛涨，好多养蚕大户都重新修建了猪圈并扩大了养猪量。由于这些养蚕大户家中所有土地基本都种上了桑树，粮食不够大批量养猪，所以他们多靠买粮来喂猪。

三　市场化的困境

基于上述对不同类型农户家庭经济情况的调查，我们可以归纳出良美村蚕桑种养业模式的几大特点。

（1）非市场因素导致的种桑和养蚕的明显分离。有学者描述了清末华南地区高度市场化的蚕丝业生产过程。当时华南地区的蚕桑种养业已高度市场化，其标志就是种桑和养蚕的分离。种桑和养蚕之间生产需求的矛盾经常存在。桑树生长需要充足的雨水，但多雨的天气却易使蚕得病。其结果不是雨天桑叶过剩，就是晴天桑叶短缺。种桑和养蚕的这种矛盾，逐步导致蚕丝生产劳动过程的分离。一些农民专门栽培桑苗，桑农向其购买桑苗种植，以桑叶供应市场。蚕农既向桑农购买桑叶，还要向制种家购买蚕纸以孵育蚕。[①]而良美村种桑和养蚕的分离并不是一种市场化的行为，这与调和市场化的蚕桑业生产所导致的桑叶供需矛盾无关，而与政府的相关政策有关。在良美村，桑叶不是一种商品，只是多数村民们获得退耕还林补贴的途径。在退耕还林政策刺激下扩大的桑田种植面积，也体现了与实际的蚕养殖量的不成比例，存在着不少桑田抛荒的现象。除了那些养蚕的农户外，仅种桑的农户也普遍不好好管理桑田，要么转租承包给养蚕户，要么就干脆荒废桑园。严格说来，这些仅种桑的农户与市场关系不大，不能算是进入蚕桑产业化项目的范围。而对于那些养蚕的农户来说，种桑和养蚕仍是由自己一条龙完成，只是当自家养蚕规模大于自家桑叶供应量的时候，通过承租别人的桑园来满足。由此可见，良美村的蚕桑种养业并没有真正启动种桑和养蚕分离，该村蚕桑养殖规模还远未达到专业化的程度。

（2）多元生计方式的并存，蚕桑种养业仅是部分农户的收入

---

① 苏耀昌，1987，《华南丝区——地方历史的变迁育世界体系理论》，中州古籍出版社。

来源之一。尽管政府花大力气在该村推广蚕桑种养业，但从村庄总体来看，蚕桑种养业并没有发展成为该村村民最主要的产业，粮食种植业、药材种植业、外出务工、生猪养殖业等一起，构成了农户多元生计的模式。同时，蚕桑种养业给农户带来的现金收入提高的幅度也十分有限。对于种桑的农户来说，前面已经提及，在良美村桑叶根本不是商品，村民们通过植桑来获得退耕还林的补贴，而不指望通过植桑来增加收入，不养蚕的农户多把桑田转租或是干脆抛荒。对于养蚕的农户来说，养蚕的收益比种粮食高，但要达到通过养蚕提高收入水平的目的，需要达到一定的养殖规模。而这一点对于村民们来说，需要成本和承担风险的勇气。每一季蚕生长周期为20 天。桑树使用周期为 10 年左右，种植以后的第 3 ~ 4 年桑树才能达到其最大生产量。养蚕的第一二年需要大量的成本投入：如蚕房建设，蚕具购买等。这些成本的投入非常大，所以要到养殖 4 ~ 5 年后才可有明显收益。如果养蚕量少，支出与收入只能基本抵平，对于经济收入提高作用不大。而大规模的养殖虽可能在短时间内受益，但却时刻面临着市场价格波动、蚕疫等风险。

（3）养蚕与村庄的分层。笔者在调查的过程中还发现，养蚕与村民的经济分层具有相关性。村里富裕人家养蚕的特别少，特别穷的人家养蚕的也少，养蚕的基本都是那些家庭经济情况处于中等水平的农户。目前还没有通过种桑养蚕成为村中富裕户的个案。村中富裕人家，家中多有人从事非农产业，如生猪、药材的贩运，这些行业的收入比种桑养蚕高得多，他们认为养蚕辛苦、风险大，而不愿意参与。对于较穷的人家却是没能力养蚕，他们没有劳动力，没有资金置备养蚕的必要设施，也没有勇气承担养蚕的各种风险。所以能够养蚕、也愿意养的农户，就是那些想寻求赚钱门路而又有一定的资本和劳动力，同时又有实际开支需要的人家，或是家里要供孩子念书，或是家里有其他较大的家庭生活支出。不过因为担心风险，这些家户对项目的参与也抱有一种试探性的状态，不敢进行专业化生产，还保留了多元的种养结构，而这种局面又导致了农户对于养蚕业的投入不足、养蚕对农户增收作用有限的局面。

从上述的分析可见，良美村的农户在参与蚕桑种养项目上采取了保守和谨慎的参与姿态。而在这种保守的背后，是蚕农对充满未知风险的未来的不确定。

养蚕是一项充满风险、劳动密集性、技术要求高的行当。不同阶段的蚕合适吃的桑叶嫩度不同，所以要根据不同时间采集不同部位的桑叶供应。不管是黑夜和白昼都要按时给蚕喂桑，随着蚕的长大，需要的桑叶量越来越大。喂食必须定时，否则蚕就会得病。蚕在吃食的同时，还在篮子里面留下大量废弃物，包括吃剩的碎叶和排泄的粪便，如果不及时清理，这些东西就会发酵，刺激细菌和霉菌的生长，并且臭气四溢，从而也会影响蚕的发育。所以每天要用手搬动蚕除蚕沙。蚕的一生分为五"龄"、四"眠"。龄是进食期，眠是休眠和蜕皮期。每一个阶段，蚕对温度和湿度都十分敏感，必须随时保持蚕房的安静、通风、湿度和温度。即便是每天辛勤工作，也不能保证就能收获。蚕农们还随时面临着蚕疫的危险。为了防止疫病，蚕农们得时刻保持警惕，随时注意清洁并消毒蚕房和用具；清除蚕粪，保持蚕座清洁；及时淘汰清除病蚕、死蚕，及时隔离；饲养合格蚕种，防止蚕种的带病和受污染；防止低温、闷热诱发病毒，等等。可以想象，蚕农家庭的劳作是多么辛苦，因为良美村的养蚕不是一年一造，而是一年四造。

更严峻的是，这项高难度的产业面临着瞬息万变的市场价格的考验。良美村地处边远的山区，离中心市场遥远，农户不占有最重要的市场信息，没有稳定的买方基础，而政府牵头成立的蚕桑有限公司，又缺乏以公司带动农户的能力。良美村不到 10 年种桑养蚕的经历一波三折，充分体现了底层农民对市场的无奈和被动适应。2001~2002 年，是农户面对新项目的观望期。虽然桑苗由政府免费提供，但是桑园面积与种桑户还是没有实现突破。很多农户上报了桑苗需求量，但没栽，大量桑苗被浪费。2003 年，政府把种桑纳入到退耕还林项目中，农民种桑，不仅可获得退耕补贴，还可以获得林权证,这大大激发了农民栽种桑树的积极性,良美村的桑园面积增至将近 900 亩。但 2003 年的蚕茧价格不好,农户没有精心管理桑田,很多桑田被荒废。2004 年桑园面积没有得到更大突破,一年仅增加了 44.6 亩。2005 年蚕茧价格较好,直接促使蚕农在 2006 年新培植了很多桑园,并加强了桑田管理。2005～2006 年蚕茧价格的上升直接推动了 2007 年很多农户积极种桑养蚕,像良美村十二队更是走出了桑园连片化的步伐。但是,2007 年蚕茧价格暴跌,同时猪价上涨,农户种桑养蚕的积极性大受打击,许多人转而发展养猪业。

在严峻的市场形式下,许多村民甚至做出了极端的行为——挖掉桑树不再养蚕。这些农户表示,养蚕太辛苦,连下雨天也必须去采桑叶,这样不知道会得多少病。养蚕风险大,一旦蚕得病,之前的功劳就会白白搭上。养蚕的各种投入大,对比起来还是种庄稼比较清闲和可靠些。他们说种庄稼的话,农忙只有几天,过了就清闲了,不用天天劳作,而且也没有必要连雨天也去田间采桑叶。这两年来猪价很好,种粮喂猪比养蚕赚钱。另外只种田的家户,男人们在农闲季节一般都会到外面做些副业,如果种桑养蚕的话就不能出去了。在考虑了利益得失、自然风险和市场风险等因素后,这些农户在蚕价下跌后,做出了挖掉桑树不养蚕的决策。

五　结语

良美村蚕桑种养项目的个案研究,引导我们从更深刻的背景去理解以市场为导向的开发式扶贫所面临的问题。

从良美村家庭经济的微观分析来看,农户想增加收入,是蚕桑项目得以推广最直接的动力。同时为了应对养蚕背后的高风险,农户们采取不全身投入的保守谨慎的参与姿态,目的就是在感知到风险的时候随时抽身而退,以不至于血本无归。也正是这种保守的应对策略,农户对蚕桑缺乏必要的投入,良美村的蚕桑项目难以进入市场化专业生产的阶段，而很难达到预期的增收效果。而增收效果不明显的发展趋势，反过来又促使农户家庭更加坚定地采取保守的应对策略，不轻易投入扩大蚕桑种养业。

良美村村民这种保守应对的策略，不能简单地将其解释为农户在市场中应对能力的不足，并尝试通过各种策略来提高他们的能力，这是理性的小农在投入到高风险的市场潮流过程中，以家庭为单位所形成的预防和规避风险的策略，而这种自我保护的策略也将贯穿农户在参与市场化过程中的每一个阶段。

从农民的角度对他们参与市场过程的研究，也为提高开发式扶贫项目的效果提供了一个启发，农户虽然是市场的弱势群体，但他们却也在主动应对市场。以往的扶贫开发，往往潜意识里把农民视为能力欠缺甚至素质低下的代表，忽略了农民的自我规划和自我适应能力，这样必然导致扶贫效果南辕北辙。从良美村桑蚕种养来看，只有把扶贫项目放到农民的整个生产经营活动中去统筹，才会收到预期的效果。

尺度、适应性与参与式农村社区发展：对甘肃省三个社区发展项目的个案研究

胡小军　李健强　于　娟[*]

摘　要： 农村社区是中国参与式发展理论和方法本土化创新的重要平台。本文在对社区概念进行重新认识和定义的基础上，通过对甘肃省三个社区项目的个案研究，指出参与式农村社区发展应该突破原有单一尺度，应用整体性的分析方法，多尺度和跨尺度地来理解社区本身的结构、行为及其动态变化。同时，本文指出，在项目实践过程中应该建立适应性的管理机制和框架，以保证农村社区发展的有效性和持续性。

关键词： 参与　社区　农村发展　尺度　适应性

一　引言

20世纪90年代以来，参与（Participation）逐渐成为中国发展

---

* 胡小军，兰州大学生命科学学院；李健强，西北师范大学社会学系；于娟，兰州大学资源环境学院。

领域中的流行话语，无论是政府推动的参与式整村推进计划，还是国内外非政府组织（Non-governmental Organization，NGO）所实施的参与式社区发展项目，都在不同程度上体现和应用了参与式的理念和方法。其中，农村发展是中国最先进行参与式实践的领域之一，针对农村减贫、自然资源保护和管理、农业技术推广、土地利用规划、水利灌溉等具体主题，国内研究者和实务工作者（Practitioners）就参与的理论、方法以及"本土化"等诸多问题进行了深入的探索，取得了很多有价值的研究和实践成果。特别是在以 NGO 为主体力量的持续推动下，国内已经初步形成了一个以参与式农村发展为主要内容的行动、研究和倡导体系，参与式发展正在呈现"主流化"的趋势。

但是，建立在对以现代化理论（Modernization Theory）为代表的传统发展理论反思和批判基础上的参与式发展理论，在其自身发展过程中也不得不面临来自各方的挑战甚至质疑。面对中国日益复杂、不确定和多元化的发展环境，我们除了不断拓展和深化对参与式理论和方法的理解，还需要在反复实践的基础上，加强理论的本土化创新能力。在这一过程中，农村社区依旧是进行参与式实践及其理论和方法创新的重要平台。

基于上述认识，我们以甘肃省实施的三个农村社区发展项目为案例，在原有参与式农村社区发展理论和方法的基础上，尝试引入了社会生态系统（Social-Ecological Systems）、尺度（Scale）以及适应性（Adaptability）等相关概念，重点总结和分析这些项目在实施过程中所遇到的各种困境、障碍（如制度、政策、市场以及技术障碍等）及其产生的根源，重新审视和反思参与式社区发展原有理论和方法的局限性。同时，研究希望通过一个更具整体性的分析框架来探讨和寻求相应的解决办法和途径。

二 对"社区"概念的重新理解

"社区"（Community）的概念最早是由德国社会学家滕尼斯

（Ferdinand Tonnies）引入社会学研究之中的。在 1887 年出版的《社区与社会》（也译为《共同体与社会》）一书中，滕尼斯提出与"社会"相区别的"社区"，借此来表征在一定地域范围内自然形成的、整体本位的一种社会生活共同体。自此之后，"社区"这一概念在社会学及人类学等相关研究中得到了广泛应用，对"社区"的定义和理解也呈现多样化的特征。在中国，很多学者对"社区"的概念和思想的演进已经进行了较为深入的研究，在此不再赘述①②③④⑤⑥。特别是近几年来，一系列与"社区"相关的词汇不断涌现，例如社区建设、社区治理、社区参与以及绿色社区等，这些词汇为各方所接纳，也正在被大量应用于国家和地方的政策行动或 NGO 等社会组织的项目实践中。

但是，我们从以往关于"社区"的研究中可以发现，对于"社区"的定义和认识更多是基于社会学的视角，更加注重对"社区"人文属性的研究，并且很多研究的聚焦点只是停留在社区这一个层面之上，而这种相对单一化的视角和研究尺度，对于当前社区发展实践的指导作用正在减弱，特别是对于内外环境正处在迅速变化中的农村贫困社区，传统社区观点的解释力已经非常有限，社区的理论在某种程度上已经滞后于相应的发展实践。同样，国内所进行的各种"以社区为本"的发展项目，在充分体现参与性、瞄准性、有效性和可持续性等优势的时候，也面临来自外部的诸多挑战和制约。然而，在原有参与式农村社区发展项目的框架内，我们

① 姜振华、胡鸿保，2002，《社区概念发展的历程》，《中国青年政治学院学报》第 4 期。
② 胡鸿保、姜振华，2002，《从"社区"的语词历程看一个社会学概念内涵的演化》，《学术论坛》第 5 期。
③ 丁元竹，2006a，《社区的本质及其建设》，《中国发展观察》第 6 期。
④ 丁元竹，2006b，《社区是什么，不是什么》，《社区》第 7 期。
⑤ 秦晖，2000，《共同体·社会·大共同体——评滕尼斯》，《共同体与社会》，《书屋》第 2 期。
⑥ 陶传进，2005，《环境治理：以社区为基础》，北京：社会科学文献出版社。

不能够很好地寻求到相应的解决办法，这也再次证明对"社区"
概念进行重新理解和思考的必要性。

在本文中，基于农村社区发展项目的实际需求，在原有社区理
论基础上，我们尝试应用社会生态学和复杂适应系统的理论，重新
理解和认识农村社区的本质及其特征。在实践层面上，农村社区的
范围一般是指一个或若干个相邻的行政村或自然村。在本文中，我
们将农村社区看做是由人和自然环境所组成的复杂耦合系统。当我
们以一种"复合系统"的视角来重新看待"社区"的时候，我们
将不仅关注社区的"社会子系统"和"自然子系统"各自的特征，
而且会把更多的注意力集中于两个子系统之间的相互联系和反馈作
用。同时，我们将社区看做"开放的适应性系统"，强调突破社区原
有尺度来分析和理解社区本身的结构、行为及其动态变化等。

三　民勤案例：　两种　"运行机制"　的冲突

W 和 Y 行政村位于甘肃省民勤县，地处石羊河流域最末端
（图 1）。受水资源短缺和沙漠化的影响，社区贫困问题突出，年实

图 1　民勤县 W 和 Y 村地理位置图

际人均纯收入介于 600 ~ 800 元（2002 年农户调查数据）。从 2003年开始，某发展机构在这两个相邻的村资助实施了为期三年的参与式社区生态扶贫项目，内容包括种草、养畜、封沙育林及社区能力建设等。项目将生态重建与农户生计改善相结合，以提升社区参与资源管理的水平和可持续发展能力为目标，并希望在更高的一个层面上探索干旱荒漠化地区打破环境退化与贫困恶性循环的途径和方法。项目按照参与式农村社区发展的"传统"思路和模式，在项目规划、执行、监测和评估等各个环节都注重体现了参与式的理念和方法。

但是，在项目的推进过程中，存在着诸多的困难和制约，而这些制约在社区层面上并不能得到有效解决。其中，由于石羊河流域上、中游地区大量拦截地表水，致使进入下游民勤绿洲的水量锐减，进而引发地下水位下降、植被退化、绿洲沙漠化等环境问题以及"生态难民"、农村贫困等社会问题，而这些问题的解决又涉及整个流域不同地区之间水资源的公平分配问题，[①] 这一点直接关系到社区项目的成效及其持续性。因此，在 W 和 Y 两村所实施的社区发展项目必须在这样一个背景下来寻求目标的达成，这就必然产生第一个困境，即社区发展项目应该选取一个多大的作用尺度或空间，如何在社区、县域或流域等不同尺度之间取得适当的平衡。

此外，民勤县 W 村和 Y 村生态扶贫项目的核心是"以社区为基础"。项目通过建立社区组织及一系列社区管理制度，推动农户以主体的地位参与环境治理、生计改善以及社区公共事务管理，强调社区自身机制和作用的发挥，上述方面也都是评估项目成效的关键性指标。但是，那些基于社区所建立起来的仍旧相对脆弱的社区内部管理和运行机制，正在不断受到来自外部制度或政策的"冲

---

① 胡小军等，2007，《环境管理中的公平问题探析》，《环境与可持续发展》第 4期。

击"，在这种政策"洪流"的冲击下，社区组织及其机制不堪一击。例如，在项目结束之后一年，W 村的 120 户 560 人在石羊河流域综合治理规划下，被纳入生态移民范围，实行异地搬迁。[①] 因此，社区发展项目又面临着另外一个困境，即在当前的治理结构中，政府力量仍居绝对主导地位的情况下，如何协调两者之间的冲突？如何将基于社区的管理和运行机制嵌入更加宏观的政策和制度之中？这些问题同样值得思考。

四　漳县案例：　来自技术和市场的障碍

　　G 村位于甘肃省漳县南部地区，毗邻岷县（图 2），海拔较高，气候寒冷阴湿。农户的收入主要依赖农业生产，农民年人均纯收入普遍低于甘肃省所确定的 658 元的农村绝对贫困人口标准线。[②] 农户经济的贫困加之所处自然条件的恶劣，导致社区道路、饮水以及医疗等基础设施建设严重滞后。同时，也产生了较为严

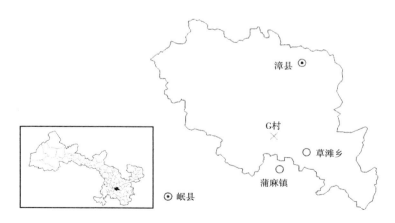

图 2　漳县 G 村地理位置图

---

① 甘肃省发展和改革委员会，2007。
② 甘肃省扶贫开发办公室，2004。

重的社会问题,包括成人文盲率高、人口结构不合理等,这些问题的存在已经对整个社区的可持续发展构成潜在威胁。经过参与式评估和生计分析,从 2007 年 10 月份开始,某农村发展组织在 G 村启动实施了旨在以增加农户收入为主要目标的种养殖发展支持计划。

由于 G 村特殊的地理位置和气候条件,当地一直具有种植当归(一种药材)的传统,当归也成为农户现金收入的主要来源。但是,农户依然采用传统的"露天"种植方式,而能够使当归产量和品质得到较大提升的覆膜种植技术在 G 村并未得到广泛应用。有鉴于此,项目采用参与式的方法,将当归覆膜技术的推广作为一项重要内容。但是,在技术推广过程中遇到了诸多的困难和障碍。其中,除了受农户种植传统习惯、风险规避以及劳动力状况等这些来自社区内部的因素影响外,技术服务和支持体系的缺乏是最为重要的影响因素,而背后的原因则在于 G 村所在的漳县及草滩乡都将蚕豆作为支柱发展产业。所以,当归并未作为地方政府农技推广的重点。因此,无论是在社区还是县域尺度上,农户都无法获得有效的当归种植技术支持和相关服务。

另外,市场开拓也是 G 村种养殖发展支持计划的有机组成部分。同样,在当归市场开发过程中,也面临着与覆膜技术推广相类似的困难和障碍。由于漳县没有相对成熟的当归交易集市,G 村的部分农户选择到邻近的岷县蒲麻镇进行当归的出售。但是,在交易过程中,由于市场信息的缺乏加之农户分散出售,组织化程度较低,造成交易成本过高,农户利益不能得到有效的保障。在这种情况之下,很多农户选择在村中直接卖给收购的中间商,但是出售的价格一般较市场价低,这同样导致农户的部分利益流失。在参与式农村社区发展中,技术及市场的重要性毋庸置疑,而诸多实践证明,无论是技术的获取(主要指外来技术,不包括乡土技术),还是市场的形成,都需要突破社区甚至行政区域的尺度,寻求相应的解决办法和途径。

五　安定区案例：退耕还林政策参与式评估实践

退耕还林是一项复杂的系统工程，其在坚持生态优先原则的同时，还涉及退耕社区产业结构调整及其后续产业发展等一系列问题。因此，这项政策的实施必然会对退耕社区农户的生计带来深远影响。但是，现有的各种政府主导的评估模式，不能够全面反映这项政策对退耕社区农户所带来的影响。有鉴于此，某农村发展机构以甘肃省退耕还林重点实施区域——安定区作为项目地点，以"推进农户参与退耕还林决策，有效表达农户需求"作为主要目标，从 2004 年 11 月到 2006 年 4 月，针对这一地区的退耕还林情况，主要应用"农户导向"的参与式政策评估模式，深入退耕社区分阶段进行了 5 次评估，总共涉及 4 个乡（镇）的 20 个行政村（图 3）。

图 3　安定区地理位置图

项目尝试在一个较大的区域尺度上，选择对农户生计具有极大影响的退耕还林政策作为切入点，通过参与式政策评估，有效表达退耕农户的需求和声音，增强社区和基层的能力，并希望通过相关政策和制度的改进实现农户生计改善。因此，在推动参与式农村社区发展过程中，上述案例也为我们提供了另外一种可能的作用尺度。但是，这种民间的探索如何转化为相应的政策实践和行动是项目所面临的一个关键问题。为了促成上述转变，我们在"以社区为基础"的同时，还需要跨越不同的尺度，在一个更大的框架下来综合考虑影响农村社区发展和农户生计的各种因素，然后才能有针对性地选择不同的策略。但是，这一点正是当前很多参与式农村社区发展项目所缺乏的。

六　结论

经过多年的实践与探索，当前国内已经基本上形成了一套相对完善的参与式农村社区发展理论和方法体系。但是，随着农村社区本身结构和特征的变化以及对外界影响敏感性的日益增加，在参与式发展推进过程中，不断面临着新的问题和挑战。针对这些问题，在原有参与式社区发展框架内很难找到合适的答案。因此，论文在对社区这一概念进行重新思考的基础上，以甘肃省的三个社区发展项目为案例，重点分析了这些项目在实施中所面临的来自社区之外的各种制约因素及其作用方式，并将它们纳入一个整体框架内进行理解。虽然所选取的三个案例并不能涵盖所有的情况，但是从案例分析中还是可以找到很多"共性"的规律和作用机制。论文主要得出如下几点结论。

（1）任何单个的农村社区都可以看做一个微型的社会生态系统，同样体现出复杂性和开放性等特征。所以，参与式农村社区发展在强调"以社区为基础"的同时，应该注重分析来自社区尺度之外的重要制约和影响因素，尝试突破社区自身的空间、时间或组织等单一尺度，应用整体性的分析方法，多尺度和跨尺度地来理解社区发展问题。只有这样，才能保证社区项目的有效性和持续性。

上述三个案例，都集中地说明了这一问题。

（2）农村社区的内在结构和行为始终处于动态变化之中，加之社会、经济以及制度、政策等外部环境的影响，参与式社区发展项目趋向于在一个日渐复杂的环境中运作，面临着更多的不确定性。在上述案例中，无论是技术获取、市场波动还是生态移民政策，对于社区而言，都具有较高的不确定性。在这种情况下，有必要发展一套适应性社区项目管理理论和方法，其核心在于将发展看做一个反复尝试和不断学习的过程，强调"从错误中学习"的原则。因此，社区项目应该努力构建一个更富弹性的管理框架，而不是"蓝图式"的计划。由此，当前国内参与式农村发展的"模块化"和"程式化"问题，值得进一步反思。

（3）中国的参与式发展实践是一个不断本土化的过程。其中，农村社区是参与式发展理论和方法创新的重要平台，国内众多草根型 NGO 也一直是参与式发展的积极倡导者和推动者。因此，将参与式农村社区发展置于公共治理和公民社会这些大的主题和背景下进行思考，我们会得到更多富有启示性的结论。这一点在上述三个案例中都有不同程度的体现，特别是在退耕还林案例中，对此做出了积极的努力和尝试。但是，参与式发展本土创新能力不足仍旧是我们当前及今后所面临的一个主要问题和挑战。对此，我们应该积极构建国内参与式发展学习型网络，推动区域性的参与式发展创新平台和基地建设。在这一过程中，国内草根型 NGO 应该基于自身的职能优势，发挥更加重要的作用。

农民的组织化参与与贫困农村社区的发展：以社区主导型发展试点项目为例

韩俊魁*

摘　要：政府在消除贫困中起着举足轻重的作用。从另一个角度来看，为了使中央政府支农惠农的政策真正在基层贯彻落实并发挥效应，也同样需要新农民尤其是农民组织的发展。新农村建设应该在整合村存量的基础上再整合国家投入的资源，在整合经济力量和社会资源的基础上提高政治资源的整合度。只有充分调动了村民的积极性，在农村社区达成新的发展共识，才能国富民强，使国家的宏观调控和政策的实施不落空。因此，社区自治不仅仅是政治权力和法律赋予的自治，还涉及农村社区经济生活的自主性以及农民主体意识的觉醒。村庄只有作为重要的经济生产单位焕发活力才能成为村庄治理的基础这条主线，社区主导型发展项目将成为贫困农村重新振兴的又一理论和实践的探索良机。

关键词：农民组织化　社区发展　社区主导

＊　韩俊魁，北京师范大学哲学与社会学学院。

参与是当前国内非常时髦也是最具有争议的词汇之一。对此研究主要集中在政治哲学和发展领域。

政治哲学中围绕着参与与民主关系的探讨主要围绕着参与与民主之间的悖论展开。与自由主义的代议制民主治理方式不同，参与式民主具有浓郁的共和主义或社群主义色彩。在代议制式的制度安排成为当前民主治理的主流时，人民充分的参与总被赋予某种危险的意义。为了克服参与与民主的悖论，也为了消解公共理性与个人理性之间的张力，学者开始进入到协商民主等新的议程的探究之中。与分歧迥然的政治哲学领域的探讨截然不同的是，在发展领域，不论是发展人类学、发展社会学还是大量的非营利组织实务界，对参与的赞成和运用几乎是压倒性地占优。我们从扶贫事业的演进中可以看到这一点。

毋庸讳言，新农村建设的重心是农民与农村的综合发展。在如何发展这一问题上，有两个重要切入点：完善农村金融体系①以及农民的再组织化②。前者主要依靠政府，但后者却不再是以前政府主导、推动意义上的组织化，而是指农民围绕发展、社区发展这一中心而进行的自我表达利益、发展生产、重塑认同的过程。从这个意义上来说，新农村建设就是自上而下以及自下而上两个维度展开实施的宏大战略。

笔者认为，为了规避市场化风险，为了整合村庄治理中的利益分歧，更为了锻造新的改革认同，就必须建立新的经济增长组织方式以及顺畅的利益表达渠道。在应对贫困农村社区中经济资本与社会资本双双下降的挑战中，基层农民的组织化参

---

①　例如，2007 年 1 月 29 日公布的中央一号文件——《中共中央、国务院关于积极发展现代农业扎实推进社会主义新农村建设的若干意见》就将农村金融改革放在突出地位。

②　农村经济合作组织、农民协会、村落选举和治理等学术界关心的热点问题，说到底都是关心农民的再组织化，其目的都是提高农民素质。即：文化上重塑、经济上富足、社会和谐平等。

与成为关键。本文正是以社区主导型发展试点项目为例所进行的论述。

一 农村基层组织研究回顾

在我国目前的农村基层组织包括村党支部、村委会（以下简称"两委"）以及其他自治组织。在不同历史阶段，我国的农村基层组织有其不同的演变轨迹。

在历史的脉络中，士绅阶层或宗族等自治组织作为国家代理人，在农村基层社会治理中担当重要角色。从更深的文化脉络来看，数千年来的中国农村精英通过学而优则仕的科举制度实现了体制内吸纳，以土地为根本财富的观念以及衣锦还乡的理念直接导致文化和财富反哺农村，这种双向流动在一定程度上实现了城乡之间文化的循环与财富的流转。从统治的意义上来说，这种制度基本维持着中央皇权治理以及基层士绅、宗族治理的动态平衡。

清末，随着西方霸权的入侵和西方工业文明的进入，中国社会发生了巨变，农村的精英和财富开始在城市大量聚集。随着国力衰颓、战乱频仍，中央政府和带有黑社会性质的基层组织成为盘剥农民的主体。这极大地动摇了政权的稳定，也削弱了政府从农村汲取财富的能力。

20 世纪 20 年代至 40 年代，国民政府掀起了农村合作化运动。① 这是一个使村民再组织化的努力过程，更是一个试图提升国家能力的建设过程。然而，当时颓弱的国家无力建立一个强大的基层社会并以此巩固国家政权。

---

① 如，1929 年中华民国政府在《县组织法》中规定，县以下基层政权设立区、乡镇、闾、邻四级制。随后保甲制实行。都是通过重塑农村基层组织以及把地方精英转化为体制内官僚而实现对自然状态下的村落进行控制。参见赵泉民，2007，《政府·合作社·乡村社会——国民政府农村合作社运动研究》，上海社会科学院出版社。

　　1949 年后，全社会力量被动员起来建设新国家。这种疾风暴雨、整齐划一的动员方式建立在单位制之上。其结果是体制外自治组织不复存在，农村基层组织成为国家政权组织的一部分。公社以及随后的三级所有、队为基础的行政改革都是国家力量不同程度塑造的结果。改革开放以后，随着农村公共空间的拓展，两委以及妇女组织之外的自治组织得以涌现。

　　中国的社区可以划分为城市社区和农村社区两大类型。二者相比，后者具有与前者不同的两大特征：一是农村社区是熟人社会，二是农村社区具备经济生产功能和社会保障功能。这两大特征可以分别与社会资本①和经济资本相对应。1978 年以来，两次大规模的农村改革对农村社区的两大资本产生重大影响。

　　第一次是实行家庭联产承包责任制。改革之初，农民得利，社会资源增加，公共空间不断得以拓展。同时，分田单干让村民认识到自己几乎是完全自由的，不关心公共利益不仅对自己毫发无损，而且别人也无权指责。他们认为个人获利是得到社会褒奖的首要标尺。逐渐地，农村社区的主体利益不断分化，一些部门和个人越来越为私人产品而放弃公共物品的追求。②尽管农村属于熟人社会，但这种制度安排在很大程度上激发了农民"私"的一面，农村社区的社会资本日益减少。此外，分税制改革后，财权上移、事权下移，进一步激化了乡村治理中的诸多矛盾。而高校扩招、医疗、农村金融机构逐利等事由使得许多贫困农村社区的资金大量单向流向城市，农村社区的经济资本不断减少。两种资本的减少导致农村基层政权组织化解社会矛盾的功能大打折扣。

　　1998 年颁布的《村民委员会组织法》是解决这一问题的战略

---

① 社会资本是由社会学家布迪厄提出的。简言之，它是指社会网络中的信任关系。社会资本具有与人力资本和经济资本不同的独立功能。

② 李强，1998，《国家能力与国家权力的悖论》，载张静主编《国家与社会》，浙江人民出版社，第 22 页。

调整。这部法对村委会作为基层组织的地位、职能等做了明确的制度安排。农村基层组织的相关研究可以归纳为国家—社会、中层县域、乡村格局、村庄内部的权力格局等四种视角。不管何种路径，对农村基层组织的研究主要集中在村委、党委、非正式精英组织[1]以及传统宗族组织等。在对村民选举的研究热潮之后，很多人开始关注后选举时代的村庄治理问题。[2] 因为，就选举而言，它本身并不能自动使农村的经济得到发展，甚至在推动政治民主的过程中也出现了许多无法解开的结。

第二次大规模农村改革是新农村建设。农民的再组织化[3]成为这次改革讨论的焦点之一。这一阶段对农村基层组织的探讨除了围绕两委，还围绕着一些新型自治组织——农村经济技术协会、合作社、外来非营利组织、社区发展基金、用水协会以及一些社区文化组织（也包含传统庙会和具有现代色彩的秧歌队），等等。应该说，这些组织都是在农村社区重塑社会资本和经济资本方面努力的结果。

就两个阶段学界研究的农村基层组织来说，既有危害农村社区和谐的政治利益基层组织，也有纯粹以经济发展为主旨的组织；既有对两委的研究，也有对农村其他基层自治组织的关注。在路径依赖的作用下，对农村社区自治中的组织建设问题，学界关注的重点似乎仍围绕着选举。有两个基本问题需要提出：第一，农村社区自治意味着什么？它究竟是村民内在的需求还是外在推动的利益需要？第二，如何在发展中解决农村社区两委化解社会矛盾的问题？两委与其他农村自治组织的关系如何？国家如何增加经济资本以推动后者的建设？

---

① 如：恶势力集团、能人型组织以及拥有社会合法性的权益保障集团，等等。

② 仝志辉，2004，《四个民主，哪个重要》，《中国改革·农村版》第 8 期。

③ 农村经济合作组织、农民协会、村落选举和治理等学界关心的问题说到底都是关心农民的再组织化，其目的都是提高农民素质、实现经济发展以及社会和谐。

二　社区主导型发展项目的组织及其运作

20 世纪 80 年代，全国农村绝对贫困人口平均每年减少 1350 万，90 年代平均每年减少 530 万，2001～2005 年贫困人口年均减少 112 万。目前，仍有 2300 多万绝对贫困人口，分布呈现点（14.8 万个贫困村）、片（特殊贫困片区）、线（沿边境贫困带）并存的特征，扶贫的难度加大。我国政府的扶贫成就举世瞩目，但依然面临战略调整。社区主导型发展就是最近的一种探索。

1. 社区主导型发展项目简介

与传统的扶贫方式相比，社区主导型方式有以下特点：①针对扶贫中瞄准问题的解决，实现政府扶贫目标。②完善社区组织建设，积累社会资本，加强社区自我发展能力。③有利于实现扶贫项目在社区的可持续性。

国务院扶贫办外资项目管理中心同世界银行合作，将国际上成功的社区主导型方式引入中国扶贫实践，开展试点项目。依据一定的筛选机制，广西靖西县、四川嘉陵区、陕西白水县和内蒙古翁牛特旗被选为项目试点县。然后，再依据一定的标准，在每个试点县各选择 15 个行政村作为项目村。

整个项目由三部分组成，包括：社区小型基础设施和公共服务子项目；社区发展基金子项目；社区自然资源管理和环境改善子项目。项目总投资 4631.04 万元。

2. 项目组织的架构与运作

（1）动员、选举与项目组织的成立

被选定的县在扶贫办成立县项目办公室，选出试点村。国务院扶贫办外资项目管理中心选定的非政府组织（NGO）进驻试点县开始项目的社区准备工作。县项目办通过公开招聘、自愿报名的办法从本县招募社区协助员。由县项目办和 NGO 按照一定标准提出 30 人的备选名单，经 NGO 培训后，根据培训情况，最终确定 15

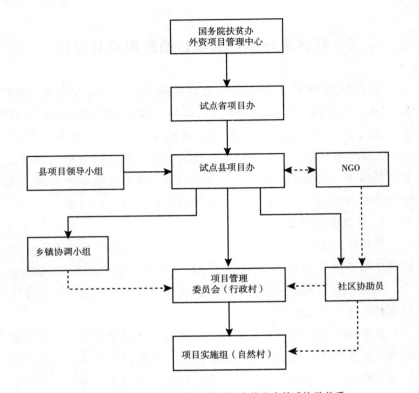

图中实线为直接领导或管理关系；虚线为支持或协助关系

名社区协助员人选，余者作为候选备用。① 选定的每个项目行政村配备一名社区协助员。随后社区协助员协同县项目办、NGO 一起开展宣传动员并帮助项目点群众在两委以外成立基层项目管理组织。

---

① 协助员需满足以下条件：初中毕业并有三年以上农村工作经验，或高中及以上文化；熟悉当地语言；能保证有足够的时间在所负责的村开展工作；有较强的协调能力，能有效地与村民、县项目办和 NGO 组织沟通；热心于公益事业。社区协助员有负责项目社区的前期准备工作、组织行政村和自然村成立村项目管理和实施组织并监督其运行等 18 项工作职责，他们每月需向县项目办提交一份项目进展报告；在社区工作期间完成每天工作日志，以此作为县项目办对其工作绩效考核的基本依据。县项目办每季度到社区征求社区对社区协助员的工作意见，作为考核社区协助员工作的依据。

　　通过宣传动员，让项目村中的农户逐渐了解项目的背景、内容。之后，各项目村通过一户一票简单多数的选举办法，建立自然村项目实施小组。[①] 扶贫项目款项由县项目办直接拨付到自然村项目实施小组手中。[②] 实施小组成员由村民推出人选、举手通过产生。通过访谈了解到，村民参加选举的积极性很高，选出的人具有能办事、公正、有一定文化基础和表达能力、群众信任等特点。

　　项目实施小组建立之后，其成员在 NGO 工作人员以及协助员的帮助下制定工作程序、项目管理办法以及财务管理办法。同时，每个项目实施小组选出两名代表，加上行政村村民委员会成员 2 人（其中村主任或村支书 1 人、妇女主任 1 人），再选举产生项目管理委员会主任 1 人，副主任 2 人，其余均为委员。委员们集体制定工作程序、项目管理办法。管委会的职责是对三个子项目进行评选和决策工作。[③]

　　（2）决策

　　这里所探讨的决策权是指对试点项目在基层操作过程中的决定权，它包括对资源使用、收益、处分的决定权。

　　在对资源的决策权方面，村民最大的感受是："以前扶贫工作上面就做了，现在交给我们做。"从整个项目的资金划拨渠道也可以看出，资金直接下沉到社区项目实施小组的私人账户上，从客观上解决了扶贫资金的跑冒渗漏问题。

　　从决策程序上来看，首先要召开群众大会，由群众提出社区问

---

① 实施手册规定：项目实施小组由自然村全体村民选举产生，代表全体村民管理项目资金和实施项目活动，小组有 3～5 人，其中至少 1/3 的成员为妇女。

② 一位 50 岁左右的村民告诉笔者，自打他记事起，这么多资金下到自然村里是破天荒的事。

③ 实施手册规定项目管理委员会的具体工作任务为：①发布有关项目信息；②讨论制定项目决策与评选标准和办法；③组织项目评选工作，确定社区小型基础设施和公共服务以及自然资源管理和环境保护子项目活动；④监督中选项目的实施工作，并协助县项目办进行项目验收工作；⑤协调社区在实施项目活动中可能出现的冲突；⑥负责按程序协助自然村项目实施小组申报项目资金申请。

题，然后在民主的基础上进一步集中，把问题按照轻重缓急排序，优先解决社区最迫切需要解决的问题。这些问题只有 80% 的农户同意才可以申请项目。当所有自然村的申请项目集中到项目管理委员会手里时，每份申请书均由管委会成员及协助员打分评选。[①]

由此看出，一方面项目申请书是否被批准由项目管理委员会来决定，实现了代表性自治。而这个代表性自治机构不直接掌握资金。另一方面，还有协助员制约项目管理委员会的决策。这样，整个项目决策过程排除了乡镇干部第三方偏好的干扰。

（3）管理与执行

在项目管理与执行程序上，村民先提出社区问题。经过排序后挑选其中两个——实施小组写项目建议书——交给行政村项目管理委员会打分——政府技术部门审核——重新反馈自然村实施小组修改——实施小组正式提交申请书——批准后县扶贫办以及非政府组织工作负责人、协调员签字——县扶贫办直接拨付给实施小组设立的私人账户等一系列流程，然后项目进入执行阶段。由上看出，每个环节均强调组织主体的作用。组织化运作模式是和以往扶贫方式的根本区别之一。

（4）监督

整个试点项目的监测与评估体系分为监测系统、评估系统、申诉系统、审计体系等四个部分。这些系统涉及前图中的所有相关组织。四个系统对社区主导中的项目组织产生很大影响。例如，在申诉机制的设计上，其最大特点是实行跨级别的投诉而非层层上诉。这种方式在实践中取得了很好的效果。

此外，项目组织内部也建立了相应的监督机制。

---

① 项目评选标准是：①贫困程度；②环境；③效益；④项目的轻重缓急；⑤小组的信誉团结；⑥管理办法及后续管理；⑦参考以前项目实施的情况；⑧有一定的自筹能力；⑨受益的百分比；⑩妇女的支持比例；⑪村民的支持比例；⑫投工投劳的比例。1~9 项管委会成员打分，占 70% 的权重；10~12 项由协助员打分，占 30% 的权重。

首先是对决策者——行政村项目管委会的监督。自然村监测小组的成员可以参加管委会和实施小组的一系列会议，监测他们的决策。除此之外，他们还可以对工程实施监测。在陕西白水某村，除了项目实施小组对项目实施单位的监督，监测小组的成员每天至少有两人在工地实施现场实施监督。监测小组的成员经常因为施工方偷工减料而与其发生"争吵"，督促施工方保质保量完成施工任务。如果在项目过程中出现问题，可以通过投诉机制借助于外部力量予以纠正。

3. 小结

通过前文叙述，可以看出村民在以下四个方面实现了民主化管理。

第一，自然村私人账户的管理。项目资金直接下沉到自然村层面，项目实施小组又没有集体账户，因此实施小组成员可以开设私人账户。但管理上采取这样的办法：以一个人的名义开设账户，另外一个人管存折，还有一个人掌管密码，其中一人必须是妇女。只有三人同时在场才能取款，从而有效实行了对资金的监管。

第二，财务公开。由于项目款属于整个社区所有，具有很强的排他性，这调动了大家的拥有感。在熟人社区里，每笔钱的使用如果不及时向村民公开都会面临巨大的社会压力。

第三，一些地方的村民使用严格竞标程序。例如，某村实施修路项目，通过信息发布，[①] 有五家施工队表示了投标意向。第一次召开施工议标会时，其中的三家到场参与竞标。实施小组和监测小组的成员把三家招标单位分开，实行背靠背价格问询。当三家分别报出他们认为的最低价格和实施方案后，实施小组和监测小组的成员从中遴选出最好的实施方案。考虑到工程质量问题，实施小组选

---

① 信息发布是把招标信息在村、乡镇贴出来。通过熟人社会惯常的传播渠道，县里的施工方都会很快获得信息。

择的这个方案价格并非最低报价。然后，再次对持有这个方案的施工单位进行询价。当价格压到不能再压时，实施小组就可以宣布该施工单位中标。这个颇似囚徒困境的博弈过程在最大程度上实现了对质优价廉方案的选择。

第四，制订了实施小组和管委会成员的罢免程序。

社区主导型发展项目很大的一个特点是组织化运作。在整个社区主导型发展项目中涉及诸多组织和部门，但最为关键的是项目管理委员会、实施小组和监测小组这三个组织。这三个组织属于本文开篇所说的基层两委之外的自治组织，它们构成社区主导的重要组织基础。这和以往扶贫方式中通过两委组织贯彻实施有着根本不同之处。

通过项目组织的成立及细致的运作过程，我们还看到，在制度设计者的确保村民参与、管理监督机制透明用意背后，旨在培育社区的社会资本。在具备一定的社会资本后，再将经济资本下沉到社区。社会资本保证了经济资本的增值，增值的经济资本反过来强化了社会资本，从而形成良性互动。

三　项目组织与两委的关系

1. 两委之外为何还需要项目管理委员会

两委中，党支部代表着自上而下的权力来源，具有很高的政治合法性；而村委不仅要有政治合法性，还要有行政合法性、法律合法性以及社会合法性。[①] 事实上，在贫困农村社区，两委的社会基础并未夯实。这与基层组织中经济功能自治组织匮乏、两委引导或培育不力有关。赵树凯敏锐地发现，"中央政府对于自治组织的强调主要是近些年的事情，而对于经济组织作用的反复强调和经济组

---

① 四个合法性的概念来自于高丙中教授的区分。详见高丙中，2002，《社会团体的合法性问题》，《中国社会科学》第 2 期。

织建设的不断部署，则几乎贯穿了整个的改革推进过程"①。

有人认为，似乎对自治、选举的关注和实现就能自动带来村民自我管理以及社区经济的发展。但在实践中，无论是经济组织压过两委，还是两委控制经济组织甚至导致其萎靡，都反映了功能分化过程中的整合不畅。在前一种情况，两委成为当地经济强者的工具，在后一种情况中，经济组织的发展空间无法充分拓展。赵树凯认为："从道理上讲，合作经济组织应当是经营者、生产者的组织，是生产经营者之间的合作，但是，它实际上是一个自然人的组织，村民一出生就成为这个合作社的成员，与自治组织的组成成分是重合的。村民委员会属于自治组织，它不应当也不可能与自愿参加的合作经济组织融为一体。"②

借助于相似性问题（similar problems）和共同性问题（common problems）这两个概念，我们也可以从另外一个角度解释在农村社区除了两委为何还需要项目管理委员会这样的经济组织。相似性问题是指有着相似的过程和影响的问题，而共同问题是指同时对一个社区的所有人都有影响的问题。相似问题的解决需要通过具体的、适合地区的、个案的方式加以处理，而共同问题的解决需要采用宏观的、统一的办法。③ 换言之，相似性问题解决的是结社权和利益群体的问题，而共同问题解决的是排他性的纯公共物品供给。例如，1998 年颁布的《村民委员会组织法》第三条规定："中国共产党在农村的基层组织，按照中国共产党章程，发挥领导核心作用；

---

① 赵树凯，2007，《农村基层组织：运行机制与内部冲突》，载徐勇、徐增阳主编《乡土民主的成长——村民自治 20 年研究集萃》，华中师范大学出版社，第 461 页。

② 赵树凯，2007，《农村基层组织：运行机制与内部冲突》，徐勇、徐增阳主编《乡土民主的成长——村民自治 20 年研究集萃》，华中师范大学出版社，第 462 页。

③ 万鹏飞，2005，《译丛总序》，载〔瑞典〕埃里克·阿姆纳、斯蒂格·蒙丁主编《趋向地方自治的新理念？——比较视角下的新近地方政府立法》，北京大学出版社，第 7 页。

依照宪法和法律，支持和保障村民开展自治活动、直接行使民主权利"，即着重解决党务问题。而村委会的职能在该法第二条规定为："村民委员会办理本村的公共事业和公益事业"，即关注的焦点应该是社区内公共物品的供给，如治安、民间纠纷以及环境问题等。管委会的目标是增进社区的经济功能，它和一些用水协会、文化组织、老年人协会、秧歌队等组织一样解决的是相似性问题。这是管委会努力的方向。

再进一步讲，村委会不是作为解决相似性问题而存在的组织，即它不是一个互益性组织。互益性组织尤其是带有不良动机的互益性组织往往在村民选举中假借民主行自我利益，这种利益试图凌驾于其他群体尤其是弱势群体之上。这就容易导致村庄的派性斗争出现。这也是一些地方民主选举并不能解决上述问题反而增加了张力的根本症结所在。这时，需要超脱于互益性组织之上的村委会来加以协调、组织。只有这样，才能实现它们功能分化中的定位与整合。

2. 项目对村委会组织法中四个"民主"的推进

1998 年颁布实施的《中华人民共和国村委会组织法》是重构农村基层社会管理体制的重要框架。"以民主选举、民主决策、民主管理和民主监督为主要内容的村民自治，已经成为农村社会建设和管理的主要形式。"[①] 然而，由于各方面的原因，在实践中实现这四个民主依然有不少困难。

对于项目组织成员的选举与村委会干部选举，村民比较到："以前选村主任时，群众还不知道呢，候选人就确定下来了"，"选举村干部是政府组织的、要登记、有程序，选村干部距离我们比较远。而这个项目是村民自发的，因为大家都能从这个项目中得到实惠"，"村委会选举并没有事先制订出候选人的道德标准"，"和选

---

① 詹成付，2005，《和谐社会背景下的村民自治走向》，《华中师范大学学报》第2 期。

村干部最大的不同是先定尺子，再去一个一个地量"。质言之，项目组织成员的选举具有以下三个特点。

第一，扶贫资源直接下沉社区增强了村民的拥有感，从而使村民参与选举甚至治理的积极性非常高。例如，村民认为，"以前开会叫不来，因为是摊派要钱。但该项目实施以后群众参与积极，因为是给他们钱和项目的，能给他们带来实惠"。

第二，既然有很强的拥有感，所以村民选举格外认真，纷纷表示一定要选举出最放心的人来管理项目。如，选举实施组、管委会成员的时候事先确定候选人标准，项目管理程序严格、公开。该项目在群众中的威信自然很高。

第三，强化了监督机制的建立。例如，村民在比较时说："选举出来的村委会不像我们都有监测小组在监督。"

在村民确立他们认可的、公平的选举机制以后，接下来的决策、管理和监督的实施顺理成章，后选举时代的复杂变局变得易于操作了。例如，按照《村委会组织法》，很多地方的村民会议、村民代表大会和村务公开的事实都存在不同程度的障碍和困难，而在社区主导型发展项目试点区，由于资金直接下沉到社区，村民参与决策和监督的积极性空前提高。

3. 项目组织对基层社会矛盾的化解

在基层组织中，尽管村委会的权力来源越来越转向自下而上这一途径，但由于乡镇政府的第三方偏好，"不难看出这些所谓组织的权力其实植根于上级部门，其基本行为逻辑是作为上级权力部门的代理出现"。[①]　张静也指出，村民要求国家权力深入乡村，即我们定义上的"官治"，村民往往把国家和乡村分开，认为乡村干部经常阻止对农民有益的国家政策的实施。由此，村民所谓的自治并

---

① 赵树凯，2007，《农村基层组织：运行机制与内部冲突》，载徐勇、徐增阳主编《乡土民主的成长——村民自治20年研究集萃》，华中师范大学出版社，第474页。

不是针对国家权威，而是把基层权威视为威胁村民自治的力量。①这就给扶贫资金的到位、扶贫政策的落实带来了很大的障碍。然而，在社区主导型发展项目中，最大限度地弱化了乡镇对农民的负面影响，从而在一定意义上保证了项目的顺利进展。例如，有村民说："村委会是干部说了算，该项目是群众说了算。钱拨到村里，村干部也不告诉村民。政府层层剥皮，但这个项目一分不少。"

此外，在基层权威的作用下，许多体制外精英从边缘化的角度进行抵抗，其直接针对的目标就是体制内精英。无论贿选还是土地纠纷都很容易成为抗争的导火索，也成为影响农村社区和谐的重要因素。这与村民虽然获得经济生产的自由经营但尚未建立相应的利益表达机制不无关系。

社区主导型发展以资源下沉为契机，以扶贫为目标，在有效实施项目的同时，在客观上也起到了增加社区社会资本、锻造社区信任纽带的积极效果。围绕着项目，在行政村（决策机构）和自然村（村民自治）两个层面上实现了民主与集中，实现了财权和事权的结合，实现了责权利的有机结合。此外，还把体制内外的精英吸纳进以发展为主旨的管委会、实施小组和监测小组。这宛如统一战线，消弭了对抗、增强了合作、构建了和谐。

四　结论

政府在消除贫困中起着举足轻重的作用。在目前贫困农村社区经济资本缺乏的中国农村，政府应当发挥更为积极的作用。然而，有学者认为，与西方发达国家的国家政权建设中通过建立强有力的统一规则约束地方权威相比，这一过程在中国还没有完成，国家尚未针对地方权威构建出强大的约束力。村民在很大程度上仍然停留

---

① 张静，2006，《现代公共规则与乡村社会》，上海书店出版社，第102～103页。

在基层权威性自治的控制之下，而没有形成代表性自治。① 因此，为了让国家的好政策在基层得到有效落实，我们也需要加强中央政府的国家能力。②

从另一个角度来看，为了使中央政府支农惠农的政策真正在基层贯彻落实并发挥出效应，也同样需要新农民尤其是农民组织的发展。这种发展表现为两方面的诉求：政治民主意义上的利益表达机制的建立以及经济民主意义上的自我发展、抵御市场化风险机制的建立。村委会组织法中的四个民主是政治意义上的。然而，对许多贫困的农村社区来说，更重要的是实现在经济民主基础上的自我经济发展。在政治民主和经济民主之间，笔者认为，经济民主是更为基础性的、更迫切需要解决的问题。③

我们知道，在强、弱与国家、社会两组变量相互交叉组合中，强国家④、强社会无疑是最优模式。其实，强社会构建的基础就是所谓的中介组织、市民社会或者民间社会等社会组织的发育与成熟。社区组织是社会组织中极为重要的一种类型。1887年滕尼斯在《社区与社会》中提出社区概念就是试图解决当时工业化带给人们精神疏离以及社会交往空间的丧失，即社会资本的问题。

---

① 张静，2006，《现代公共规则与乡村社会》，上海书店出版社，第135页。

② 这里的国家能力是指国家的基础性权力（infrastructural power）而非国家的专制能力（despotic power），可以进一步参见 Michael Mann. 1988. *States War and Capitalism*. Oxford：Blackwell，转引自王强，1998，《国家能力与国家权力的悖论》，载张静主编《国家与社会》，浙江人民出版社，第18页。

③ 王绍光也认为，如果没有经济民主，即使整个国家的政治结构是民主的，人们也无法把握自己的命运。另外，没有经济民主，人们在收入、社会地位等方面的差距直接影响到他们参与国家治理的能力和机会。参见王绍光，2007，《关于"市民社会"的思考》，《安邦之道：国家转型的目标与途径》，生活·读书·新知三联书店，第410页。

④ 最近，弗朗西斯·福山一反新公共管理的"小政府大社会"的理念，针对发展中国家出现的问题，他提出许多国家的社会动荡和贫困是与这些国家软弱无能密切相关的。（美）弗朗西斯·福山著、黄胜强、许铭原译，2007，《国家建构：21世纪的国家治理与世界秩序》，中国社会科学出版社。

新农村建设应该在整合村存量的基础上再整合国家投入的资源，在整合经济力量和社会资源的基础上增强政治资源的整合度。面对本文开始提出的贫困农村发展困难的问题，社区主导型发展项目具有了经济资本和社会资本的同时加强之特点，在提高农民能力建设、解决村民参与不足、提高主人翁精神、解决瞄准问题、在社区解决贫困村民贷款难等问题方面迈出了坚实的一步。该项目极为重要的一个效果就是增强了民众对政府的信任，干群关系改善明显。有村民说："真正的共产党又回来了！"也有村民认为："分田单干以后，集体财产没有了，村里的公共事务没人管，想管的人没有钱，也没有人组织。现在党意识到这个问题的严重性了，于是实施这个项目。过去的集体化还是有一点好处的"，"摆脱了政府的干扰和限制，尤其是乡政府的干扰"。

以上表明，只有充分调动了村民的积极性，在农村社区达成新的发展共识，才能使国富民强，使国家的宏观调控和政策的实施不落空。在试点项目中，看似增强了自然村的决策和参与能力，其实从另外一个角度来看也增强了行政村的调控能力，这就是民主与集中结合的体现。

在转型的中国社会，社会分化速度加快，但新的结构整合机制发展缓慢，应该由行政性整合转向契约性整合。[1] 这就需要政府和民间需要在某种契约关系上维持自己的边界，强化自己的功能，即"有所为、有所不为"。在这个意义上，政府主导下的社区主导并不矛盾，遵循的是两种层面上的两种能力都加强的思路。

因此，国家政权建设与地方自治二者应该是平衡的，片面强调一端都是不妥的。正如埃里克·阿姆纳指出的那样："事实上，地方分权政治与集权政治一样地富有攻击性和令人厌烦。分权并不是一种能够摆脱冲突的方式，而仅仅是采用了不同的方式来解决冲突

---

[1] 孙立平、王汉生、王思斌、杨善华、林彬，1994，《改革以来中国社会结构的变迁》，《中国社会科学》第 2 期。

而已。这在地方背景下是确凿无疑的。"① 只有这样，我们才能逐步接近强国家、强社会优化模式。

对目前的贫困农村来说，如何保障公共物品充分有效供给成为村庄自治急切需要解决的问题。在这种情况下，不能仅仅就民主谈民主，就自治谈自治。社区自治不仅仅是政治权力和法律赋予的自治，还涉及农村社区经济生活的自主性以及农民主体意识的觉醒。在此意义上说，自治是村民内在的需求。然而，村庄只有作为重要的经济生产单位焕发活力才能成为村庄治理的基础这条主线。从这个意义上来说，社区主导型发展项目将成为贫困农村重新振兴的又一理论和实践的探索良机。

---

① 埃里克·阿姆纳，2005，《趋向地方治理的新理念》，载〔瑞典〕埃里克·阿姆纳、斯蒂格·蒙丁主编《趋向地方自治的新理念？——比较视角下的新近地方政府立法》，北京大学出版社，第 194 页。

灾后文化启动与保护：边远贫困少数民族村落灾后恢复重建与发展进程中的本土文化保护[*]

赵旭东　盛燕　罗涛　辛允星　牛静岩[**]

摘　要：本研究关注汶川地震后灾区的边远贫困少数民族村落的本土文化保护，并根据边远、贫困和少数民族的特质选择了三个村落进行调查。地震的直接影响是生计方式受到破坏、物质损失严重和极大动摇了人们的信仰和观念。地震的继发影响将进一步使传统的建筑形式和生计方式改变，基于此的仪式生活和组织也将难以维系。而边远贫困少数民族村落由于生计和文化的脆弱性，其传统的生活方式将由于政府、旅游开发公司和其他外部社会组织的介入更加迅速地改变。政府和其他组织的观念也将潜移默化并且比较彻底地改变当地人的文化观念。但是，灾后重建的过程中并没有合理地利用本土文化中传统力量的稳定性作用，也没有重视原本存

＊　本研究受到乐施会 2008～2009 年"边远贫困少数民族村落灾后恢复重建与发展进程中的本土文化保护"项目资助。课题参加者赵旭东、孙庆忠、盛燕、罗涛、辛允星、牛静岩等，研究报告撰写人赵旭东、盛燕、罗涛、辛允星、牛静岩。
＊＊　赵旭东，中国农业大学人文与发展学院社会学系系主任，教授，博导。盛燕、罗涛、辛允星、牛静岩，中国农业大学人文与发展学院社会学系研究生。

在的社区组织的作用。因此，我们提出 CPS 模型，希望外部力量参与灾后重建的过程中更多注意到传统文化的张力，并结合当地社会状况，依靠本地人和组织的力量进行灾后重建。

关键词：文化保护　灾后重建　传统社会

2008 年 5 月 12 日下午 2 时 28 分，我国四川省汶川县发生了里氏 8.0 级特大地震，这次地震给当地人民群众造成了巨大的生命和财产损失。① 心理学家第一时间投入到对灾情的关注中，并为受灾群众的心理健康提供了必要的指导和帮助。经过灾害后第一时间的紧急救援阶段，灾区进入了时间相对较长的恢复重建阶段，并且马上需要面临随之而来的灾后发展的过程。在其后的两个阶段，社会学家和人类学家应该、必须而且也有能力在这一过程中贡献出自己的力量，并且从自己学科的视角提出相应建议。我们关注到在震后快速恢复重建过程中很可能出现只注重恢复基础设施，进行硬件的建设，而忽视了文化等方面的软件建设与保护的情况；而且，边远贫困少数民族的本土文化在灾后重建过程中，也可能会因为只关注基础设施的快速恢复而遭受巨大的损失。因此，我们提出了这一项目的构想，并且承惠乐施会的支持使之实现，本文将说明该项目的研究发现和我们的建议。

---

① 国务院新闻办公室根据国务院抗震救灾总指挥部授权发布：民政部报告，截至 2008 年 9 月 11 日 12 时，四川汶川地震已确认 69226 人遇难，37463 人受伤，失踪 17923 人。据卫生部报告，截至 9 月 11 日 12 时，因地震受伤住院治疗累计 96544 人（不包括灾区病员人数），已出院 93361 人，仍有 509 人住院，其中四川转外省市伤员仍住院 254 人，共救治伤病员 4181505 人次。http：//news. xinhuanet. com/newscenter。

国家汶川地震专家委员会副主任史培军教授表示，根据调查评估的数据，这次汶川地震造成的直接经济损失 8451 亿元，四川最严重，占到总损失的 91.3%，甘肃占到总损失的 5.8%，陕西占总损失的 2.9%。http：//www. chinanews. com. cn/。

一 本文的研究进路

从文化研究的角度来说，我们试图克服功能论在文化理解方面的静态论的方法，[1] 意识到时间性在社会的文化再生产过程中的作用;[2] 同时也要试图克服结构论的把文化简约为人类心灵结构的做法，重视在文化实践中作为行动者的个人如何积极主动地去创造文化，使文化变化和延续。

文化是人参与其中的沟通实践，在此实践中，文化的规则被修改或丰富，而人自身也受这些文化的规则制约，同时还能够创造新的规则。而本土文化就是这种文化再生产的地方性表达方式。本土文化虽然是指特定区域的文化，但也包括文化的诸要素，内容十分丰富。人存在的独特性，根本就在于其依附于社会，并且有着自己的文化，同时还能够不断地创造新的社会结构与文化观念出来。[3]也就是说在一定区域内，人们共同的文化观念和价值观的外显形式是通过物质和仪式等表达，即借助社会中的物品表达。因此，本项目即是从表达文化的物品、符号、仪式、节日等出发，结合地方社会状况以及生活在这社会与文化中的人，来研究边远贫困少数民族文化。

通过研究文化表达的形式，本研究将地方社会、当地人的生活状况与本土文化联系在一起，对这一整体进行研究。本项目关注边远贫困少数民族的本土文化保护问题，并将其具体对应于汶川地震的主要受灾地区的特征。其中本项目的选点是受此次地震影响最大的羌族和嘉绒藏族村落，指研究对象的生活水平较低，其中两个为

---

① See Edward B. Tylor, *Primitive Culture*, Harper & Row, 1958 (1871)：1.

② See A. L. Kroeber and Clyde Kluckhohn. 1952. *Culture：A Critical Review of Definitions*, papers of the Peabody Museum of American Archaeology and Ethnology, Vol. 47.

③ 参见赵旭东，2009，《文化的表达——人类学的视野》，中国人民大学出版社。

国家或县级的贫困村落，并且都位于川西高山或高半山地区，交通不发达。因此，本项目的关注点具体可以表述如表1。

表1　项目选点的具体特征

关注点	特　征
本土文化	少数民族特色(藏族、羌族)
当 地 人	贫困
地方社会	边远(川西高山区)

二　地震对边远贫困少数民族村落本土文化的直接影响

地震对于文化的影响并不好直接观察和判断，但是我们可以首先对可见的社会状况、物质文化和节日庆典的状况进行考察，认清地震对于当地文化的直接影响，并进而探求地震对于文化的深层影响。因此我首先简要介绍一些本项目所选的三个村落的具体情况，它们分别是汶川龙溪乡阿尔村、茂县曲谷乡河西村和理县下孟乡沙吉村，属于藏彝走廊地区①，位于川西南地震带②，是羌族和嘉绒藏族的主要聚居地区，也是汶川地震受灾最严重的地区。而这次灾害造成的可以观察的直接影响主要体现在以下方面。

---

① 关于藏彝走廊的具体区域，参见费孝通，2006，《费孝通民族研究文集新编》上卷，北京：中央民族大学出版社，第451～452页。李绍明，2006，《费孝通论藏彝走廊》，《西藏民族学院学报》（哲学社会科学版）第1期。李星星，2008，《李星星论藏彝走廊》，民族出版社，第12页。

② 自公元前26年至1979年5月22日，四川省共有274次七级以上的强震。按照中国的历史年代划分，其中1911年之前有61次，1911～1949年间有47次，而1949～1979年间有166次，仅仅在1949～1979年的30年间发生的强震占总数的60.5%，当然这要考虑到史书可能没有记载的地震。而川西南是四川省地震的主要受灾地点。见罗灼礼等编，1981，《四川地震资料汇编》（上、下册），四川人民出版社。并见鲁克亮、刘琼芳，2008，《对近代地方志记载中的四川地震考察》，《中国地方志》第9期。

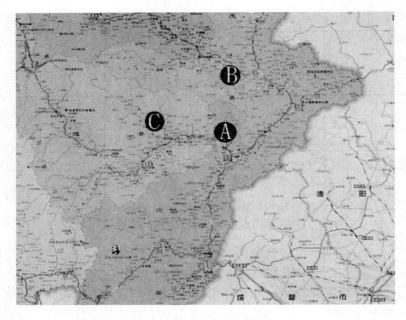

图 1　项目选点示意图

1. 生计方面

　　川西地区位于第一阶梯向第二阶梯过渡的地区，地貌特征比较复杂。羌族和嘉绒藏族居住的地区海拔大致在 1500～5500 米，河谷深邃而狭窄，山势陡峭，但是森林资源非常丰富，是四川有名的林区。森林面积广阔，木材积蓄量大，适宜高山针叶林、针阔叶混交林木生长。而且该地区气候昼夜温差大，日照时间长，盛产虫草、天麻、贝母、羌活和党参等多种中草药材。受地理条件限制，新中国成立前该地区居民主要是以种植、采集和挖药材为生，[①] 兼养绵羊、山羊和马匹等。20 世纪 80 年代以来，由于林地下放，该地区的主要收入是挖虫草等药材。90 年代开始，在政府的引导下，

---

　　① 见西南民族大学西南民族研究院编，2007，《川西北藏族羌族社会调查》，北京：民族出版社，第 328～329 页。陈永龄，1947，《理县嘉戎土司制度下的社会》，燕京大学社会研究所毕业论文，馆藏于北京大学图书馆，第 114～117 页。

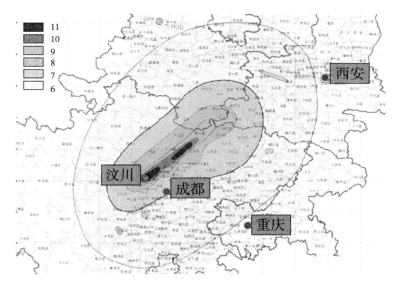

图2　汶川地震烈度示意图

资料来源：中国地震局。

三县陆续开始大规模种植白菜、海椒等蔬菜，刚开始虽然蔬菜价格不高，但是比种植玉米划得来。90年代末开始，蔬菜价格上涨，并且随着国家的一系列利农政策，当地农民种植蔬菜每年多的可以纯获利一万多，少的也有六七千。因此直到现在种植莲花白、海椒、韩国萝卜等蔬菜都是当地农民的主要收入来源，即使种植最少的村落也占总收入的50%以上。[①]

　　然而规模种植的后果之一就是被卷入现代市场，而且单一的种植结构使得我们调查的村落变得越来越依赖市场。比如村民一般是出去卖蔬菜时或者托村里卖蔬菜的亲友卖完回来时在成都、都江堰或者县城购买日常用品。三个村落部分没有采药收入的农民购买化

---

① 根据调查资料显示，阿尔村的蔬菜收入和挖虫草等副业收入的比例约为2/3和
　　1/3，河西村的蔬菜收入所占比例最大，约为70%，沙吉村由于外出务工较多，
　　蔬菜收入所占比例最少，约为50%。

肥等农资现金不够，基本要靠农业信用社每年 1000 元的小额农业贷款，等秋后卖完蔬菜再还。由于当地农民没有自己的销售渠道，要么自己叫车把蔬菜拉到成都或都江堰的菜贩子处，要么等外地的菜贩子开车进来收购。但是如果蔬菜丰收，菜贩子就会压价，不卖的话也只能烂在地里；如果蔬菜歉收就更不用说了。因此和全国大部分农村地区一样，这些年当地农民即使增产也不能增收，一旦遇到自然灾害还要自己赔钱。近年来，随着农民工大潮，基本上每个家庭都有劳动力外出务工，因为相对来说务工的工资收入比种植业更加稳定。

地震对于当地生计的直接影响是导致了农田受损，庄稼歉收甚至颗粒无收。地震之后，当地一些农田出现裂痕或滑坡现象，正常的农事活动难以开展，甚至导致快成熟的蔬菜无法收割，随后的旱灾也对当地的种植业生产造成了很大破坏；而且，地震发生之时正值当地农作物田间管理的关键时间，由于地震之后人心惶惶，还有后来一些村庄的村民被异地搬迁和安置等原因，田地里的庄稼无人照料，大量荒芜，很多农田绝收，即使有所收成也是大幅度减产。例如，当地的主要农作物玉米 2008 年的亩产量只有不到 100 公斤，而在以往年份的产量都是 400 公斤以上。当地大量种植的海椒产量也出现了不同程度的下降，基本上只有往年的一半多一点，但已经被看做是意外的收获了。并且由于地震毁坏了许多公路，本项目调查的三个村落都位于高山和高半山地区，只有一条与外界联系的机耕道，因此蔬菜难以及时的出售，以致由于运输成本很多只能烂在地里。

药材采集是当地家庭的主要副业收入来源，但是受地震影响几乎难以进行，因为五月份至七月份是最合适挖采药材的季节，地震的发生导致全年的药材收入几乎为零。这对于那些特别依赖药材收入的家庭来说这无疑是重大的打击。同时，采集农业的损失还间接地影响了当地村民种植业和养殖业的投入，因为地震前不少家庭依靠药材收入来购买化肥、薄膜、农药和小猪仔等农业生产资料，这部分收入的损失自然会给他们的农业生产活动带来一定的困难；而缺少农业投资对来年的农业生产活动必将造成一定的影响。在2009 年 3 月本项目的第二次调查中，这种影响已经很明显地表现了，三个村落的春耕农事活动被推迟，其中主要原因之一就是缺乏农资。而震后几乎所有外出务工的劳动力都返乡重建家园，毫无疑问，这部分收入在 2008 年也没有了。

之所以花费大量篇幅来介绍当地的生计状况和地震对其的影响，是因为无论从人类学自马林诺夫斯基以来的整体论视角，还是从本项目的研究进路，甚至从当地的实际状况来说，我们都无法脱离社区的社会状况来理解其文化。羌族最具特色的羌历年和转山会，是围绕着农事生产的特定季节开展的年节庆典和仪式活动，这和农耕文明的其他社区大同小异。此外，这种生计方式衍生了特殊的社区仪式组织并决定了社区的通婚范围，我将在下文对其细节进行讨论。

2. 物质方面

地震造成的物质损失最严重也最直接地体现在建筑物，尤其是住房的倒塌上，据国务院在《汶川地震灾后恢复重建总体规划》中的统计，四川省需要加固维修的住房为 214.11 万间，需要重建的住房为 328.97 万间。我们调查的村落除阿尔村报重建 152 户，大修 30 多户，维修加固 24 户外，河西村和沙吉村都是全部需要重建。这还不包括阿尔村和河西村倒塌损毁的羌碉和沙吉村受到损害的"官寨"。

羌人住宅，大都就地取材用石块建造而成。羌族传统的盖房子一般要盖二层半或三层半，一般是四角的，门窗都很小。房子依山而建，斜度较大，一层在水平面之下，为牲畜圈栏和储放洋芋蔬菜；二层为火塘和住房，是生活的地方；三层储存粮油和做客人卧室；半层晾挂粮食用。一般是三五十户聚居成一个寨子，座落在高、半山腰台地上，也有住河谷地带的。嘉绒藏族的住房比羌族层数稍高，普通的家户是三层，官寨最多有五六层。房屋的布局安排与羌族稍有异处，如图 3 所示，普通百姓的住房没有仓库和客房这两层。

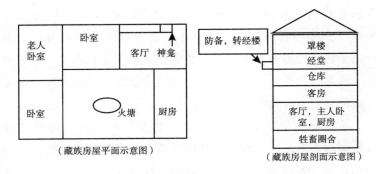

图 3　嘉绒藏族房屋布局安排示意图

　　我们调查的地区住房以石木结构为主，其次是石混结构（石头和混凝土为主体），两者所占比例是当地住房总量的 90% 以上；但地震之后只有少数农户还住在石木结构和石混结构的住房中，而砖瓦房和土坯房已经彻底消失，不管从短期还是从长远来看这都是对当地民众住房样式的一次巨大冲击，详细统计结果见表 2。

表 2　三个村落地震前后的住房样式比例

单位：%

住房样式	石木房	砖瓦房	临时板房	帐篷	土坯房	石混房
地震前	57.1	8.2	0.0	0.0	1.0	33.7
地震后	1.0	0.0	72.4	18.4	0.0	8.2

　　从表 2 中可以看出，石木结构的传统住房样式在地震中经历了一次毁灭性打击，几乎全部坍塌或成为不能居住的危房；而之前已经出现的石混房尚且还有一部分可以居住，这可能会使村民在重建住房时选择石混材料，进而将导致本地建筑风格的变迁。此外，村落中原有的砖瓦房和土坯房在地震中无一幸免，可以预见在灾后重建中这种结构的住房也会在本地消失。临时板房与救灾帐篷大规模进入这些边远少数民族村落，成为当地灾民的临时生活场所，在某种程度上也会对当地的居住文化产生一些潜在的影响。即使将来他

们搬进了新居，这些曾经使用过的材料也会保留以应对紧急状况，并可能成为他们日常生活中的"补充住宅"。

3. 仪式组织和信仰方面

羌族最有特色的节日是转山会和羌历年。因为羌族人居住在山区，所以普遍信奉山神，每一年都要向山神祈求风调雨顺、村寨牲畜兴旺和人们不受邪秽侵害，在收获庄稼之后，就要择日举行为还愿而祭山的转山会。一般每村都是所有家户轮流担任会首，会首负责转山会的全面筹备工作。本届会首任期满后，在余下的家户中抽签选出下一届会首。每届由数户会员组成，其中会长一人。任期年限各地不等，但一般不超过三年。会首的主要职责是与会员一道负责届期内在村寨各户中收集钱粮，购买还愿用的牦牛、绵羊、雄鸡及酿造咂酒等项事宜。

羌历年是羌族最重要的一个节日，每年农历十月初一均举行庆典，一般为三至五天，有的村寨过到十月初十。十月初一这天，各羌寨都要还愿敬神，全寨人都要在释比率领下，到山神处祭祀，祈求来年五谷丰登、人丁兴旺、六畜满圈。祭祀完毕后，共喝咂酒、吃肉、跳锅庄舞。节日期间，还要相互迎请，送礼走亲戚。羌历年之前基本都是由释比组织，并且全寨人都要参与。

在河西村和附近的少数几个村庄，每年农历五月初五妇女们都要举行"瓦尔俄足"的活动，汉语俗称"歌仙节"或"领歌节"。这天，妇女们前往女神梁子祭拜；妇女们推出一位男性——称之为"舅舅"来唱经酬神；寨中年纪大的老妈妈则在厨房给年幼的女性讲述歌舞女神莎朗姐的故事，宣讲爱情、婚姻、持家等方面的传统美德。男人们在旁边茶伺候，妇女们跳羌族锅庄舞。节日期间，妇女们还把歌舞送到每家每户，同时传授小女孩唱歌跳舞，直至教会为止。

沙吉村是嘉绒藏族，但是在十月初一有牛王会，求牛、马二王菩萨保佑牲畜。牛王会的主要活动是牛亲家一起祭拜牛、马二王，并在祭神之后轮流在牛亲家中聚餐。现在的牛亲家是村上包干到户时，所有牲畜折价归户，耕牛和闲牛都分一、二、三类，按承包土地面积来搭配耕牛，耕地少的 5~6 户分到 1 头牛，耕地多的 2~3 户就分到 1 头牛。由于当地的农耕方式是传统的二牛抬杠，一户几乎无法耕作，于是这些共牛的家户结成了现在的牛亲家，并在耕种和收获的时候互相帮助。后来，也有在牛死后自动解散或与别人重新构成牛亲家，也有人家中蓄养了好几头牛，但是牛亲家的形式依然存在，只有极少的户数自己一家过牛王节，其他都是一起供奉牛、马二王。

　　正如本章第一节所述，羌族的转山会和羌历年是围绕农事生产的仪式活动，20 世纪 80 年代以来，经历过"文化大革命"的破坏和生计方式的变迁，这些节日形式已经发生了改变。但是地震的破坏仍然是直接而突然的，并且将影响深远。我们所调查的羌族地区，由于释比塔和传统碉楼的破坏，转山会和羌历年等仪式难以正常开展。而且由于大部分小孩在外地读书，传统的羌历年也失去了生机。阿尔村的很多村民反映羌历年这天自己家除了改善了一下伙食，什么仪式活动也没有举行，以往年份的节日气氛没有了。同时，由于传统住房的破坏，家庭内的祭祖和供奉家神等活动也不能照常进行，临时板房和帐篷难以为这些传统信仰活动提供必要的场所。沙吉村的村民深刻感受到了这方面的困难或不方便，认为本村的牛王会与地震前相比大大简化，不如以前热闹和正式。而河西村的"瓦日俄足"节虽然在本村的文化精英组织下勉强举办，但是只有半天的时间，规模不如之前，随后的教习歌舞的活动也没有了。更重要的是地震伴随着对于传统的宗教信仰的怀疑，例如释比的家也在地震中倒塌，因此就有村民指出：人是生活在现实物质世界中的，只有通过辛勤劳动才能过上好生活，天上是不会掉馅饼的，这次地震更证明了这一点，如果没有军队来救灾，村里人早就饿死了，神是不会来救人的。①

---

① 来自对阿尔村朱光耀的访谈，在场的还有另外两位年轻人，他们也同意这样的看法。

对释比权威的质疑必将撼动羌族释比文化的民众基础，作为羌族文化最重要组成部分的释比文化将会面临更加强烈的认同和传承的危机。而且地震之前已经开始出现释比参加商业化运作的文化节目演出等现象，在灾后重建规划中灾区的主要经济支柱是旅游业，羌族地区的释比文化作为卖点之一是吸引游客的重要手段，这样危机将进一步加剧。"释比是人而且是以谋取经济利益为目的的普通人"，当人们逐渐失去了对释比神圣性的认同而产生这样的观念之后，羌族释比文化的未来就可想而知了。

三　地震对边远贫困少数民族村落本土文化的继发影响

地震并不是一条分割线，可以很清晰地划分出震前和震后的状态，并且识别出其影响。尤其在涉及文化的时候，其本身就处于变动不居的状态，即使地震也只是时间线条上的一个点而已。如果说上述的部分已经受到地震的深刻影响，这些都是外在且容易观察到的，而且大家也会更加警觉，因而相对比较容易预防。那么我们接下来讨论的并不那么被大家所认识，尤其在快速的重建过程中极易被忽略，但是却会造成更大的影响，且更难补救。

从发展的角度来说，在研究农户承担来自社会和自然的双重风险时，提出了脆弱性的概念来指代农户应对生计困境的能力的高低，认为主要影响因素为风险、抵御风险的能力和社会服务体系。① 虽然其指标分析体系只是从资产的方面来进行评估和赋值，并未涉及自然风险的概率和强度，但这无疑是从一种新的视角来理解贫困。我们想借用脆弱性这一概念，来说明贫困地区少数民族村

---

① 见李小云等，2007，《农户脆弱性分析方法及其本土应用》，《中国农村经济》第 4 期。韩峥，2002，《广西西部十县农村脆弱性分析及对策建议》，《农业经济》第 5 期。

落文化保护所存在的困难，并将在随后探讨除了自然灾害的直接和继发的影响外，外力的参与和介入也发挥了重要的作用。

我们没有一套赋值和评估的体系来对脆弱性进行定量的分析研究，因此更多只是用来说明所观察到的现象。继发的影响依然首先从生计方面来说，我们调查的区域是自然灾害频发的地区，地震让泥土松散，部分山坡已经大面积滑坡，隐藏着滑坡和泥石流等次生自然灾害的隐患，使当地的生态环境更加脆弱。地震的另一个影响是对水文条件的改变，堰塞湖最严重，威胁也最大。例如理县下孟乡周边的生态环境在地震中遭受的破坏十分严重，不仅影响了正常的农业生产，还给当地的水电站建设带来了困难；当地正在建设的规模养殖场也随时面临着山上滚石的威胁。此外，高山和高半山地区最独有的影响就是对水源的破坏，包括饮用水源和灌溉水源。汶川县阿尔村本来各家都有自来水，但地震之后通往各户的水管全部被毁，村民只得去一公里远的集中供水处"背水"来满足家庭用水需要，这已经成为当地村民特别是妇女的一项沉重劳动负担。茂县河西村西湖寨的用水问题更加严重，地震后山上的水源断绝，大家只好去五公里以外的半山用车去拉水，每次运输成本将达到甚至超过百元；而且冬季下雪交通不便，从山下运水到山上十分困难，很多家庭就只有依靠"雪水"来解决生活用水问题。用他们的话来说，就是"连牛蹄印里的水也要用到"。2009年3月，我们的第二次调查时发现，位于河西村海拔最高处的西湖寨已经在准备整体搬迁了，因为地震使地下水渗露，耕地已经无法灌溉，饮用水也成为大问题。但是随之而来的问题是搬迁要花大笔钱购买宅基地，而且新的住处没有耕地，原来的问题依然没有得到解决，只有外出打工。

我们接下来讨论文化脆弱性的问题。

首先，边远贫困少数民族村落的文化并不为人重视，但也不像非洲的原始部落一样是自洽的，而是各种力量作用的结果。少数民族的文化长期以来处于边缘的地位，并且受到汉族这一强大中心的辐射影响，也和周边的其他民族进行交流。自从 20 世纪 50 年代的少数民族识别之后，几乎所有民族都开始自我文化觉醒，各民族的文化精英配合汉族的专家开始着手梳理本民族的历史与文化，羌族也不例外，嘉绒藏族由于民族认同的尴尬则并不明显。一般认为羌族的文化特色，如羌碉建筑、释比文化、白石崇拜、羌历年、转山会、羌族歌舞以及羌绣艺术等，包括羌族典范史的书写，都被王明珂通过对羌族知识精英的文化建构进行分析，认为其中很多文化要素都是地域文化特征，而非羌族独有，只是在 20 世纪 80 年代以来才成为羌族文化特色，并将其称之为"当代羌族认同下的文化再造"，是一种"攀附"的结果。[1] 但是诸如此类的"攀附"或者建构，实则会带来羌族文化的混乱，羌族宣称的英雄祖先故事（如炎帝、大禹等）与汉族的典范历史互相重合，相比之下汉族文化更加强势；而羌族由于没有文字，本民族内部语言差异比较大，交流时甚至要借助汉话，这样借用汉文汉话来表述本民族的历史，反而会不利于本民族文化的保护，甚至有进一步加剧被汉化的危险。

　　其次，自利奇（Edmund Leach）开始的关于族群认同的讨论，[2] 已经开始认识到认同是区分族群的重要标准，即使不是唯一的标准。但是认同的内容是什么？自我认同的意识终究是要通过裔脉、语言、亲缘和文化这类外显的表征来表达，因此李亦园先生对族群理论提出了批评，认为所谓客观文化特质，不应该只限定于语言、服饰、风俗习惯以至于体质特征这些可以看得见的特质，这样是误解了"文化"，"文化"也应包括很多看不见、"不可观察"的思维部分，即类似于列维·施特劳斯所说的文化结构，这些抽象的不可观察的文化特质经常是较难变化的，却是一

---

①　王明珂，2008，《羌在汉藏之间》，中华书局，第 283～299 页。

②　See Leach E. R. 1998. *Political Systems of Highland Burma：A Study of Kachin Social Structure*，London：G. Bell and Sons. Ltd. 1964. And see Birth F.，*Ethnic Groups and Boundaries*. Waveland Press. 中文的综述可见：范可，2008，《文化多样性及其挑战》，《中国农业大学学报》（社会科学版）第 4 期。

个民族的文化核心。① 这样的批评又走向了另一个极端，忽略了人的实践与表达的重要作用。

本土文化传承的载体是当地民众的文化活动实践，而文化实践的基本推动力来自他们特定的信仰与观念，只有本土文化的实践者对自己的文化拥有足够的信心和认同，他们才可能自觉地甚至习惯性地通过实践本民族文化而去延续其生命力；反之，如果他们在观念与意识层面就已经对自己的本土文化产生认同的危机，或只是抱着谋取经济利益的动机去实践本土文化，那么我们就可以推断说这种本土文化正在失去其基本的传承渠道，其生命活力与当地民众的现实生活也就渐行渐远了。或者也可以说，当一个地区的民众对本土文化的传统信仰开始发生动摇时，那么当地社会文化的本质性变迁也就势成必然，汶川地震对灾区边远贫困少数民族村落的影响已经囊括了其对当地民众观念意识层面的冲击，那么它对当地本土文化的影响之深远也就不难发现了。

就我们直接观察的，住房形式在三个村落将发生彻底的改变，全部将变成石混结构；羌族的特色建筑羌碉也将以新的样式重建；释比也许会更多地出现在旅游表演的舞台上，而不是村落的日常生活中；羌历年祭山这类的村落公共仪式会渐渐淡出人们的视野，取而代之的是大家都在自己家中过节；越来越多的人会从山上迁下来，最本色的羌族文化将会和绝大多数乡土文化一样，面临传承的危机；下一代的汉化将越来越严重；旅游将彻底地改造羌族和嘉绒藏族地区，但是后果现在尚不能作出评估。这些改变，除了前述的地震对于住房形式的淘汰、释比信仰的动摇和公共仪式的场所受到破坏等方面外，更重要的是人的观念层面的影响，以及外力的作用，我将在下面探讨。

---

① 费孝通、李亦园，2005，《中国文化与新世纪的社会学人类学——费孝通、李亦园对话录》，载费孝通《费孝通论文化与文化自觉》，群言出版社，第285～286页。

四　外力的影响

　　地震之后干预灾区的诸多因素中，力量最强大的是政府，尤其在住房重建、教育和旅游等项目上。其中住房重建或加固维修补贴政策没有区分地域、住房结构和住房面积的差异，因此称之为"一刀切"的政策。具体为将住房加固维修分为三个档次实施补助：轻微损坏补助 2000 元，中等破坏补助 4000 元，严重破坏补助5000 元；住房倒塌或损毁不可居住的农户重建补助平均每户补助标准为 2 万元，笔者调查的三县对受灾农户的经济状况和家庭人数分两类三档进行补助，其标准为：1～3 人家庭 1.6 万元，4～5 人家庭 1.9 万元，6 人及以上家庭 2.2 万元，对建卡绝对贫困户和低保户两类困难农户在这一标准上增加 4000 元补贴。根据国务院颁布的《汶川地震灾后恢复重建总体规划》中对城乡住房的恢复重建指导思想，要求针对城乡居民住房建设的不同特点，制定相应的政府补助政策。但是一旦具体到实施层面，城乡居民住房建设的不同特点如何划分是个很大的难题，因为居住地区、住房结构和住房面积的差异如何来判定补助标准却是很棘手的工作。因此各地的补助政策几乎都是按照上述的标准来确定住房加固或重建的补助，理县对于这一政策的解读或许可以代表政府在这一层面的考虑，认为农村居民住房重建"不能区别土木、砖木、砖混结构和面积大小调整补助标准，因为国家补助政策不是对农民原有住房进行的补偿，而是从'以人为本'的角度出发，对符合条件的受灾居民重建住房提供平等的救助，因而无必要对原住房的结构和面积做出区分"。[①] 但是这样的后果是四川省 61% 的农户、我们调查的三个村落80% 以上的农户选择重建，面对重建工程期限的要求以及外力的影响，虽然政府对建筑物的民族风貌进行要求，但是只能见其表了。

---

　　① 见《理县"5.12"地震灾后农村住房恢复重建工作问答》第 24 问。

教育方面的干预在之前的"合村并校"就已经开始，三个村落只有阿尔村小学作为一所特殊的村级小学被保留下来，算作当地人的一件幸事。但就目前看来，阿尔村的孩子仍旧大量集中在成都和广东廉江市就学，虽然当地政府和对口支援地区政府已经承诺尽快恢复重建本村小学，可直到地震发生大半年之后才开始动工。而且随着孩子异地就学时间的延长，父母与子女长期分离衍而生出的一系列问题更加凸显，潜在着少数民族语言和习俗的传承可能出现的断裂问题。

旅游方面桃坪羌寨和萝卜寨是羌族地区发展旅游业较为成功的两个村寨，前者是旅游公司介入，后者是走民俗生态博物馆的路线，都获得了一定程度的知名度与成绩，这两种发展模式也成为各村寨竞相模仿的对象。虽然阿尔村、河西村和休溪村的村民都认为桃坪羌寨没有释比传承人，今年羌历年是邀请的休溪村的释比去表演。高山地区的羌寨村民认为自己寨子保留了更丰富的文化特色，适合旅游开发。但是开发旅游，容易导致资源分配不平均的情况，高山地区认为河坝地区的文化特色不足，但是河坝地区既拥有便利的交通和水利，还可以获得政府和企业的投资来发展旅游。海拔高的地区认为这是不公正的现象，就出现了"山上骂山下"的现象。但是总体来说高山地区发展旅游的设想仍未超出桃坪羌寨和萝卜寨的旅游开发模式，如果这些地区能获取资金开发旅游，难免都变成桃坪羌寨和萝卜寨的影子村寨，从而丧失其村落文化本身的特色。

外力因素的另一个重要力量就是各种社会组织的介入，尤其是NGO组织。由于政府对于房屋抗震等级的要求，原则上应该是框架式的石混结构（虽然村民认为原来的老房子已经经历过1933年的地震，也没有大的问题）。原来修房建材为石头、泥土和木头，都可以就地取材；现在则需要大量的钢筋、水泥和河沙，而且在时限内修建，建材价格和运费都上涨了。因此大部分的农户除国家补助外都利用了国家给住房重建户的1万~1.5万元的贷款，而且基本还向亲戚借款。一些 NGO 基于其理念，对于符合一定要求的对象给予住房重建资助。而灾民则需按照其要求进行灾后重建，下面是我们调查的一个案例：

> 余军（化名），阿尔村立别组，家里 5 口人。由于滑坡威胁立别组将搬迁到巴夺组（与立别组相比更靠近河谷）异地重建，地基是向亲戚家买的，共计四分地，花了 1.6 万元。旧房子二层，一层 220 平方米。新房子按照框架式结构修两层，每层 40 多平方米，今年之内计划完工。修地基和购买建材已经用去 3 万多元（购买地基 1.6 万元，钢筋 1.2 万元，水泥 12 吨，不计运费 7000 元），房子完工计划要 8 万元。国家补助 1.6 万元，贷款 1 万元，向亲戚家借了 2 万。同时在考虑按香港红十字会的要求修建框架结构，可以获得额外补助金 2.5 万元。香港红十字会的工程师指导施工时指出在房屋开间上不符合其要求（纵深不超过 4.5 米，开间不超过 6.5 米），志愿者告诉他要想获得 2.5 万元资金，就必须要缩减开间，具体建议是可以在原来的主墙旁重筑一面主墙。他当时向志愿者解释这样修是为了生活方便的需要，这是将来的火塘和客厅。但是志愿者说他们这样要求是为了安全，同时强调这完全是自愿的。

实际上，NGO 的理念是固定的，其资助的项目也与其理念密切相关。例如中英性病艾滋病防治合作项目、中华红丝带等组织就会在灾区普及艾滋病的防治知识；香港红十字会从人道的角度出发，在灾区重建工作的重点之一就是在四川资助 1.3 万户灾民的重建民房费用，但是案例中的要求是必须按照其对开间、建材使用和框架浇注等要求修建住房。这些新的理念的进入和强制推广，对当地人的住房和疾病的观念的影响是潜移默化的，而其文化也在这个过程中渐渐发生变化。但这种变化并不是当地人自然而然的选择，而是在非常态的过程中被迫的改变。

五　CPS：一种参与的设想

　　本文试图从社会与文化人类学的视角出发，提出一种假设，即文化不能离开人与社会，并且社会、人与文化这三者共同构成了我们所生存的世界。人在文化与社会之间担当着沟通的中介，并通过系统内部的冲突与适应的过程来得以实现。与此同时，社会的变化是受物质环境所影响的，比如受现代化发展的外在因素的影响，或者是突发事件过程中外力的影响，其反应是十分快速的；而代表着人的观念、意识形态的文化，一方面要求适应社会，另一方面由于自身传承的惯性，它是相对传统并滞后于社会发展的。而社会与文化之间产生的不协调最终又是通过人的实践来弥合的，也就是通过改造和传承传统文化，保留适应社会发展的文化，发展促进社会发展的文化。在此研究假设基础上，我们在研究过程中提出 CPS 模型，即"文化—人—社会"（culture-person-society）模型。

　　在中国的传统经济生活中，农村社区作为一个生活单位存在，过着自给自足的生活。随着现代化的浪潮波及农村社区，其中的生产生活方式和观念等都在逐渐发生改变。原来社区成员世世代代居住在一起，拥有共同的道德规范、风俗习惯，社区内基于家族、通婚形成的血缘关系，以及长期毗邻而居所形成的地缘关系，在社区成员日常生活中发挥着重要作用，如日常劳动换工形式的互助、筹办公共仪式的组织以及在突然遭遇变故时的社会支持系统。社区的道德规范、风俗习惯及社会组织和作为行动者及实践者的个体一起形成了稳定的常态日常生活，研究者将之称为"文化—人—社会"模型（culture-person-society model），简称为 CPS 模型。

　　如图 4 所示，文化—人—社会构成一个在社区范围内稳定发挥作用的有机体。社会的结构影响文化，并通过道德、价值和规范约束个人的行为。人在社会化的过程中受到文化的熏陶，但是在实践中进行反思来改造社会，进而塑造新的道德、价值和规范。在正常情况下，这样的模型具有相对稳定性，虽然其内部不断进行再生产，包括社区成员的继替、新传统的发明和现代价值观的冲击，但是由于社区地域和成员限制，传统社区内核不会受到大的冲击。

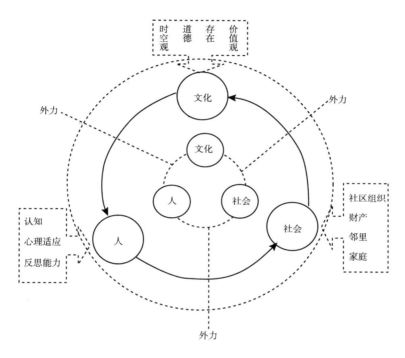

图 4　CPS 模型示意图

　　在常态下，这些新的技术和价值观的引入，反而会使 CPS 模型的范围因为纳入新的因素而进行扩张。但是一旦受到突发事件的影响，或者强烈的外力冲击，社区的社会层面很可能破裂，例如家庭成员的丧失、房屋倒塌、居住地域随之改变，这些都是在灾害中经常出现的事情。但是在灾害发生的短时期内，经历了长期稳定的社区有其处理危机的能力，但是由于之前一直对危机处理的管理不够重视，因此还不能够完善地发挥社区本身在灾害发生时的作用。例如，地震发生的极短时间内，社区很容易就会收缩聚拢在一起，这时的居住密度会短时间内加大，成员之间原来的组织界限不那么清晰，而是把社区作为一个整体。地震发生的几天内很多社区都是短时间内居住在一起，共同抢救财产和利用仅有的资源先生存下去。灾害的前中期，即一般意义上所说的过渡期，受灾群众一般也是居住在集中安置的临时过渡点内，往往还要打破原有社区的范围。这时虽然一些文化因素可能会相互冲击，甚至产生冲突，但是在突发的情况下，这些矛盾都会暂时抑制住。一旦这样的临时安置变成异地搬迁，在灾害的中后期，即重建期开始时，这些矛盾就容易集中展现，例如宅基地和耕地的问题，以及日常生活中的文化冲突。因此在灾害的危机管理中，要提前注意到 CPS 模型中容易发生的问题，并且充分发挥社区原有力量在灾害或者外力突发时的作用，这一方面可以通过模拟演练的方式来进行。①

在灾后恢复重建的过程中，并不简单只是抢救受灾群众的财产，恢复受灾群众的生产，重建受灾群众的家园。这样的话似乎灾区只要投入大量的人力物力进行重建，就一定能比灾前的社会状况还要好。但是在重建的过程中，一些矛盾已经逐渐凸显了，例如资源分配的矛盾和重建过程中侵入的外部力量和传统之间的冲突。这往往是由于孤立地把社区生活的某个方面割裂出来进行解决造成的，"头疼医头、脚疼医脚"，房子倒了就建房子，路坏了就修路。通常的分类中，房屋是属于物质层面的东西，只要按照建筑学意义上更好的条件来修建就可以了，但是住房不仅是社会层面上人的感情寄托所在，同时住房的仪式、格局和样式是文化的，里面老人、男人和女人的住房安排，厨房、圈栏、仓库和神位的布局都跟本地

---

① 这一方面的内容受到日本冈田宪夫的生命体系模式的影响，其主要论述在低频度、强灾害的综合性危机管理中，如何立足长期的视点，在前期积极实施推进连续性的措施方略以减轻灾害发生时的破坏力。我们的研究试图指出在灾害重建的过程中，尤其关注到文化的层面时，注重本地人的自省能力和文化本身所承载的惯性，而不是忽略当地文化，进行简单的经济重建。生命体系模式具体可参考：冈田宪夫，2009，《生命体系模式在灾害危机管理中应用的可能性》，李海泉译，《中国农业大学学报》（社会科学版）第 1 期。

社区的时空观和价值观紧密相连；而承载这些价值和观念的传统住房修建的技艺却是由人来传承的。如果不重视当地人的社会文化价值观念，只是单纯地为受灾群众修建出一个可以居住的场所，其结果可能适得其反。因此在灾后恢复重建的过程中也要关注所在社区的社会文化生活的方方面面，尊重当地人的意愿，充分发挥当地人，尤其是本地组织灾后恢复重建的积极性，这样重建过程就可以事半功倍。

文化、妇女与发展：
中国云南省少数民族乡村
发展的一个实践案例[*]

古学斌[**]

摘　要：在 21 世纪，中国政府面临的一个严峻的挑战就是如何消除农村贫困。但是，农村改革的深化和中国不断向国际资本主义市场的靠拢更加重了贫困农村的脆弱性。在这个急剧变迁的过程，从 20 世纪 90 年代就扎根在中国农村的我们，有见中国农村贫穷的回归、文化认同危机的浮现等，苦苦思索着如何与在地民众一同开创另一条发展的道路。2005 年我们在云南省一个少数民族社区启动了另一项行动研究，试图跨学科地合作，推动妇女的文化生计项目，希望通过发掘当地丰富的刺绣手工艺资源，发展出富有本土民族色彩的手工艺品，通过另类市场的开发，一方面能够增加妇女的收入，促进妇女培力和增权，另一方面提升在地民众对于传统文化的认同，从而促进文

---

　* 这个研究项目得到了香港 RGC 研究拨款（项目代码：POLYU 2099/02H）以及香港理工大学研究课题 Production of Public Good and Recasting Rural Community：A Case Study of Collective Action in a Village of Yunnan Province，PRC（项目代码：G – YG86）的支持。

** 古学斌，中国研究与发展网络，香港理工大学。

化的保护和创新。这篇文章主要介绍了我们项目的理念并细致地描述了整个实践的过程。

　　关键词： 妇女与发展　文化认同　能力建设　社区培力　增权

引　言

　　自 2001 年 3 月，香港理工大学应用社会科学系、云南大学社会工作学院和云南省师宗县政府一起推动了一个名为"探索中国农村能力建设的灭贫模型——云南的个案研究"的行动研究。① 项目所在地的平寨村位于中国西南地区云南省的东北部。它拥有大约 300 年的历史，是由 8 个自然村寨组成的一个行政村，面积约占 23 平方公里。村子只有一条机耕路通往外界。村子的居民主要是壮族少数民族，也有少数的汉族。根据 2000 年的人口普查，全村壮族和汉族加起来共有 347 户，1469 口人。因为村寨里的人还不能完全达到温饱水平，依旧挣扎在贫困线上，所以村子被官方划为贫困村。一般情况下，每年约有超过 20 户人家缺粮 4 到 6 个月。根据平寨 2006 年 8 月提供的数据，大概有 16 户人家约 44 口人因为过于贫穷而被免除了所有的农业税。此外还有 62 户人家，约 285 口人因为严重的贫困在那一年接受了粮食救济。在访谈中，我们发现很多村民，尤其是在山上只有贫瘠土地的两个汉族村，许多人不得不借高利贷买粮食吃。很多孩子也因为贫困失去了上学的机会。鉴于平寨是县里最贫困的村子之一，当地政府采取了三项本土政策——"冬季农业发展""产业结构调整"和"高科技农作物推广"——作为减贫的重要策略。

　　像中国其他农村一样，平寨村在后改革时期也在经历巨大的变

---

　　① 项目头三年的行动研究项目由凯斯维克基金会资助。

迁。在主流发展主义意识形态指导下，农村的经济越发市场化，人们的生活方式也越发城市化，这过程其实给农村带来了深重的影响，表现在市场经济导致村民面临日益严重的生计问题，城市消费文化破坏了农村的传统文化，出现文化认同的危机。① 有见及此，我们寻索着如何回应村民在生计方面的要求，同时能让农村的经济发展变得可持续。我们觉得应该将经济和文化结合起来推动一个新的项目。

在 2005 年，受到公平交易发展理念的启发，我们开动了另一项新的称为"设计与发展"的行动研究，试图开发本土的传统文化和手工艺产品，一方面使得在地妇女能够有生计的改善，同时也保护和再生了在地的传统文化。这是我们第一次跨学科和专业的合作研究，我们和香港理工大学设计学院进行合作，希望设计师能跟我们一起利用当地材料和本土手工艺来打造富有民族特色的手工艺产品，通过公平贸易的途径，让妇女们能够得到合理的报酬，同时透过经济的赋权达到性别和文化的赋权。

发展十字路口的中国农民

扎在平寨的七个年头，我们发现村民事实上被困在现代化的十字路口。在后改革开放的时期，农村人口外出越来越频繁，外出的背后有不同的考量，许多村民离乡别井去到城里打工，年轻的却是努力读书希望考上城里的中学或上大学，可以从此改变自己的身份。平寨再不是封闭的山区乡村，特别是政府的"村村通"政策出台后，随着电器下乡，村民与媒体、与外界的交流更加频繁。他们暴露在现代世界的消费浪潮中，受到都市文化的冲击。这七年间我们见证了村民思维方式和生活方式的改变，但是这些改变并没有带来他们生活的真正改善，反而带来了种种困境，最明显的就是贫

---

① 这种情况与其他发展中国家相似（Wilson & Dissanayake，1996）。

困的再造和文化认同的危机。

现代农业科技与传统农业的消逝

在过去，平寨村民基本上是自给自足的，他们种自己的田、喂养自己家的牲畜、建造自己的房子和纺织自己的服装。他们的生存技能代代相传，靠着上一代传下来的生活智慧，他们基本上满足了生存的需求。可是，农业现代化的过程中，他们的传统智慧受到了严峻的挑战。

现代农业的其中一个特征就是农业必须直面市场经济，农民不再能够自给自足。他们的生产资料包括种子、化肥和农药都要依赖现金和市场。当地政府在过去的七年间不断地推动农业产业化，强行推动村民大规模种植商品作物。[①] 可是，这些外部引入的技术和当地政府强制执行的生产计划并没有帮助农民增加收入，反而使农民变得更加贫穷。举例来说，几年前，当地政府鼓励村民种姜作为经济作物来增加收入。因为姜只生长在没有开垦过的土地上，村民只能在山地开荒种姜，结果严重破坏了整个山坡的土壤，带来了严重的泥土流失。更糟糕的是，因为姜的过度供应，市场上姜的价格每年都在起伏暴跌，村民得不偿失，亏本之余也破坏了自己赖以生存的环境。

为了增产和获利，村民选择了农业新科技，然而农药化肥和新种子的使用也使得村民对现金严重依赖，同时大量化肥农药的使用也破坏了土壤和环境。市场的不确定，增产不增收，使村民对农业生产失去了信心，因为他们无法控制价格，无法通过农业生产来改善生活。一些老农民伤心地说道：

> 我们从来没想到种了一辈子地之后，突然发现不知道怎么去种庄稼了。这些年不论我们怎么种，都没办法赚到钱。

[①] 可以参阅古学斌、张和清和杨锡聪，2003，《地方国家，经济干预和农村贫困：一个中国西南村落的个案分析》。

结果很多村民只能放弃农业到外面闯世界，村里的男性几乎要么到附近私营矿井去挖矿，要么到沿海打工。妇女们也一样，要么到城里卖工、要么就去城里当服务员或到沿海打工。对于妇女来讲，离乡别井是不情愿的，有一个妇女就告诉我们："我宁愿出去找份不同的工作，这样至少不用待在家里只吃饭却没有收入。我什么都不懂，刺绣也不能帮我赚足够的钱来给帮补家计。"

现代消费与贫困再造

在新的市场经济影响之下，现代消费模式也渗透了中国农村，拥有一些所谓的现代生活物品代表时髦和"幸福"。为了追求新界定的"幸福生活"，村民渴望电视、电子产品、现代家具、皮鞋和时髦衣服。这些渴望必须用现金来兑现，这样村民对现金的依赖愈来愈重，许多时候他们一年到头努力工作，也不过为了能够买一台彩电或一辆摩托车。

除了这些消费品，村民的现金开销也越来越大，例如，孩子学校的费用、医疗费用、电费水费、化肥、农药和现代服饰。这些日益增长的开支把村民压得喘不过气来，因为靠农业的生产根本无法增加村民的收入，结果外出打工变成唯一道路。另外，作为帮助他们的孩子脱贫并离开农村过上"幸福"生活的另一条道路，教育变成一个非常重要的选择，但这样学校的费用和学习材料的花销也变成了村民一项巨大的经济压力。尽管政府宣称提供九年免费教育，但每年村里的学生还是要交上许多的杂费。如果孩子有幸考上大学，那父母兄弟姐妹可能通通要外出打工，才能供得起一个大学生。我们在村里认识的一位妇女，因为女儿上了师范，结果夫妻俩只能跑到广东化妆品厂来打工。妻子一年下来，得了严重的肺病，还是不愿意回乡。

当村民的欲望/念头和残酷的现实之间的鸿沟不断拉大时，一种无助感就会越陷越深。当村民试图改良耕种并学着使用当地政府引入的现代技术来种植经济作物时，他们的生活水平并没有提高，日子依旧像过去一样贫穷，甚至越过越苦。当村民靠着农业生产来实现他们想象的理想时，却是越来越困难，一种生活的匮乏、无助和无能感常常涌现在村民心中，信心的低落使得他们对发展失去了方向。

现代生活方式与文化认同危机

在过去，外面的世界对村民并没有多少影响，因为村民除了到乡上赶集，很少外出。当地的文化，比如服饰、语言和生活习惯都是一代传一代。但是，改革时期的中国村庄不再对外界封闭，除了现代技术对农村的巨大冲击之外，消费浪潮同样很大转变了村民的思维和生活方式，强化了村民的文化认同危机（Davis，2000；Croll，2006）。另外，村民的外出和上学、乡上的旅游开发，等等，都打破了过去的宁静，改变了平寨村民的生活方式和观念。在村里，我们能看到传统文化被外界的"现代"文化"入侵"的现象。

政府着意发展的"村村通"电器工程，使得村民可以放眼都市和世界。电视上所显示的并根植于主流话语的所谓"现代"和"先进"生活方式可以说给村民带来了鲜活的对照。村民以为都市的生活方式才叫"好"、才叫"幸福"，反观自身的村落，许多村民认定是"落后""贫困"和"不好"的。特别是年轻人，他们正在积极地脱离自己的传统和撤弃自己族群的文化，希望通过重新的自我改造，变成一个都市人（Ku，2003；严海蓉，2000）。

记得当初我们进入平寨时，每天吃完晚饭后，男男女女都会聚集在支书的门前空地，他们谈论外面打工的故事、城市里的高楼大厦，一起讨论新的手机、香港和台湾的电影和流行歌曲。一些年轻人会互相炫耀他们的时尚，年轻人都穿上了 T-Shirt、牛仔服，染黄了头发。他们向往城市生活，并且他们当中许多人相信幸福的生活意味着城市中的便捷生活。每次问他们自己家乡如何时，他们都会说家乡很落后，觉得生活很不方便、很脏等等负面的东西。

传统的习俗方面，也在不断地丢失。举例来说，壮族民歌（他们称为小调）曾经是壮族人对于他们生活和感情甚至是情侣彼此表达爱慕的方式。如今这些小调几乎听不到了，在他们那里都是香港和台湾流行歌手唱的爱情歌。很多年轻人崇拜香港和台湾的歌手和电影明星，他们的画像和海报贴在很多年轻村民的屋子里。另一个例子是，村里的年轻人已经很多年不再穿他们传统服饰了。远离村子上学的年轻女性村民也很少穿传统服装。在这些年轻人看来，民歌并不好听，同时传统服装也没有什么吸引力。他们甚至认为这些是落后和愚昧的象征。外界的流行音乐和时尚的服装，相反，代表着先进和现代。他们看不起那些"从来没有见过世面"的村民，也嘲笑那些着"老掉牙"的壮族服装和"寒酸"打扮的女孩。这些女孩甚至因为不会讲普通话而被嘲笑。

村民盲目崇拜现代文化使得他们不认同自身的本土文化，然而族群和文化的印记却挥之不去。当他们到城市打工的时候依然被城里人瞧不起，在城里他们自尊很低，也没有自信，希望能够通过打工赚钱来改变自己的命运，其实这只是一种迷思。① 就像一个村民告诉我们：

> 之前我以为如果在城里工作生活可能容易些，结果却是比在田地里干活更苦更累。老板实在很坏，我们做了工作他却不付报酬。我在广西（省）干了5个月，没有得到一分钱。我经常很饿肚子，但是当我问老板要钱，他就变得很残。我失去了工作，并从南宁（市）一路乞讨回到了家乡。

因为无法应对城市中激烈的竞争以及全球金融危机的冲击，大部分出去的村民周期性地被迫又回到村中。可是回到家乡，他们的心思已经不放在农活上了。相反，他们依然迷恋追求城市生活的样式。但是，因为缺乏实现他们欲望/梦想的手段和途径，在他们心灵深处有一种失落和匮乏感。男孩子为了保住自己的一点自尊和骄傲，我们看到他们常常在年轻女孩子面前炫耀他们的"时髦"和

---

① 打工者的生涯可以参阅潘毅的书 Making in China。消费主义对农民工的冲击可以参阅潘毅的 "Subsumption or Consumption?: The Phantom of Consumer Revolution in Globalizing China"。

"见识"，以掩饰他们失落和不自信。

村民们对自己文化的否定和对现代文化的盲目追求使得他们陷入了文化认同的危机。在村里待不下去，在城里也待不下去，一种精神上的漂泊，无法找到自己的定位。这一切对于农村发展都是不利的，我们希望能找到一种发展的途径，一方面能保护在地社区的传统文化，另一方面可以加强当地民众的文化自信，同时也能够达到经济的赋权。

设计和妇女发展：能力建设和赋权的行动

根据世界劳动组织的报告，世界上 5.5 亿的穷困劳动者中 60% 都是妇女。妇女做的无薪工作两倍于男性。她们代表了世界兼职和非正式部门工作者中的绝大多数，失业率也比男性高出许多倍（International Labour Organization，2006），因此妇女与发展是很多发展机构的主要目标。

像世界上其他地方的妇女一样，平寨妇女正在经历着贫困。为了增加家庭的收入，她们从早忙到晚，还是无法应付家庭日增的开支。自 2005 年开始，在村子里我们就发现越来越多的妇女追随农村外出打工的浪潮，到煤矿或城市的工厂里打工。虽然她们实际上不希望离开家乡，就像一个中年妇女告诉我们的那样：

> 我实在不想去，如果我能在村子里挣个几千块钱来支持我孩子的学费，我就不会去。离家真让人伤心。

平寨的妇女承受了抚养下一代的最重要责任，并愿意贡献她们的每一分钱在孩子的教育身上。她们还是家庭中的情感支持者和照顾者。当母亲被迫与孩子分开，远离家乡到城市里实在是让人悲伤的事情。也因为母亲的离开，没有人照顾老人和孩子，这些家庭常发生悲剧。即使是年纪大点的孩子也感到悲伤，因为他们只能在母亲一年一次回到家过阴历新年时才能见到她们。在村子里，看到这些景象让我们想尽办法，回应妇女们的需要，我们前后尝试了不同的增收项目（例如养猪）来帮中年妇女增收和提高生活水平，希望透过经济的赋权达到文化和性别的赋权。

　　我们团队中主要由人类学者和社会工作者组成。我们都持守着一种共同的视角，那就是社区民众的能力和资产建设（capacity and assets building）。能力建设的视角背后是相信在地社区的民众不管是贫困还是边缘群体都拥有她们自身的能力，只是这些能力常常被隐没和没被发现（Saleebey，1997；Sherraden，1991；Tice，2005；Templeman，2005）。资产和能力建设的框架帮助我们从优势的视角看待在地社区，看到的是其隐藏的各种资产和力量，而不是盯着他们的缺陷、问题和无能（Ginsberg，2005；Lohmann，2005；Collier，2006），① 就像斯科尔斯（Scales）和斯惴特（Streeter）指出的那样，农村社会工作者的角色是"去揭示和重新确定人们的能力、天赋、生存策略和激情，以及社区的资产和资源"（Scales & Streeter，2003）。所以我们的角色就是致力赋权农村社区，以创新的方式发掘和利用在地的资源，创造出新的资产。协助民众寻找和决定自己社区发展的方向。在平寨，我们认识到平寨有丰富的文化资产，妇女刺绣手工艺就是其中之一。我们决定透过推动妇女手工艺项目来建设妇女能力，透过增加他们的收入，来保存村民的文化认同。以下部分是我们走过的一些历程。在当中，发掘和提升社区能力是我们的首要任务，希望从个人和社区的能力建设达致社区的变革。我们也理解到能力建设意味着对人力及其组织的长期投

---

① 能力建设的模式已经广泛被运用于社区发展的项目里头以建立个人和集体的能力（见 Moyer et al.，1999；Li et al.，2001）。和"赋权""参与""性别平等"等概念一样，能力建设被认为是所有可持续的和民众中心的发展模型的基本组成因素，（见 Eade，1997；Plummer，2000）。在我们对能力建设的理解里，基本的信念是所有人都有权利平等分享资源，作为自身的主人掌握自身的发展和命运。对于这种权利的拒绝是贫穷和痛苦的根源。增强人民在选择中的决策能力以及采取行动达到这些目标是发展的基本所在。

入，所以从 2005 年开始，我们培育妇女刺绣小组，陪伴她们走到了今天。

第一阶段：口述见证（oral testimony）与手工艺文化涵义的发掘

项目的开端，我们的重点工作放在发掘传统刺绣手工艺的文化意义上。因为我们知道，只有明白了刺绣手工艺与妇女生活的关系，我们才懂得去欣赏她们的文化、欣赏她们的手工。

在方法上，我们选取了口述见证（oral testimony）。口述见证是推动社区参与发展的另类手法，也是一种另类的参与性农村需求评价（PRA）手法。它除了帮助我们收集资料外，通过口述的方法，我们可以聆听到超越主流话语之外的声音，发掘那些在社区被压制或者隐藏的问题。更重要的是，口述也是社区弱势赋权的手法，因为它提供了一种路径，让边缘的民众自己发声，讲述自己的故事和见解。从叙述自身生活经验过程召唤被遗忘的主体。口述故事也能帮助我们发现和理解一些社区共同拥有的经验和智慧，从而帮助我们更好地利用社区的资源来重建社区。①

口述故事的收集也是社区民众发动和参与的途径，因为故事收集是民众最能掌控和运用的手法。我们所在的少数民族社区，民众大部分不会汉语，面对语言的障碍，② 我们只能邀请民众一起参与故事的收集，这样我们才能够完成这项工作。2001 年我们在社区已经做过一次大规模的口述故事收集，并且与村民一起编写了《平寨故事》一书。2005 年我们再次做妇女手工艺的口述，一切显得驾轻就熟。我们和社区的妇女一起，在不同的寨子访问老妇人。

---

① 我们在贵州已经尝试过口述见证的方法，觉得非常有效，可参考古学斌和陆德泉（2002）的文章。口述见证和口述历史的方法可以参考 Slim & Thompson，1995；Perk & Thompson，1998 和 Yow，1994。

② 当地人说壮族方言。只有很少的年轻村民或者受过教育的成年人可以讲汉语——普通话。因此，我们很难与当地居民进行直接交流。一方面，这是我们的不利条件，另一方面，这却成为我们的优势，因为我们不得不保持谦虚，并且与受过教育的当地居民保持密切关系，后者经常成为我们的翻译。

老人家给我们讲述了自己的生活故事，她们一生为生存打拼，虽然辛劳但也看到她们的生存策略和智慧。她们还告诉了我们关于刺绣和手工艺的事情，讲述她们如何纺线织布，如何绣花，如何自己制作衣服等。在老人的房间，还保留织布机和纺线的工具等，她们还会给我们示范这些手艺。在半年的口述收集之后，我们基本能把握过去平寨妇女手工艺制作的整体生产过程，以及这些手工艺背后的文化意义。

在平寨村，所有针线活用的布料都是她们自己纺织的。过去平寨妇女从小就被教导传统的刺绣。她们纺自己的布和纱，用天然的矿物和植物来染布，制作自己多彩的衣服和装饰。在老人的记忆中，她们以前是自己种棉花的，可是由于土地不够，平寨已经很久不种棉花了。如今她们仅仅从市场上购买带着不同颜色的棉线，然后近邻和亲戚一起帮忙拼线，再用手工织布机纺织自己的七彩壮锦。虽然还有一些老人懂得用自然的花和植物染布，但现在多数的妇女只用市场上买来的化学染料的布了。

妇女们通常会在自己的衣服和日常用品（譬如鞋子、背篓等）上绣花。她们绣花都必须在纸上剪下样子，然后在布上刺绣。她们的颜色和图案富有民族特色，手工非常精致。刺绣是妇女生活的重要部分，也是妇女引以为傲的手艺。妇女琴就告诉了我们她自己的故事：

> 当我还是一个孩子时，看到大人做针线活，我很羡慕。当我放牛时也带着妈妈的针线盒。我学着剪刺绣的样子。那时，树叶就是我的纸张，野花和大自然就是我的图案。

另一个妇女琼也说道：

> 当我干完田里的耕作和家务活后就坐下来刺绣，这时是我最享受的时光。在孩童时期，为了学着剪绣样，我从弟弟的课本上撕下很多纸。

平寨妇女的刺绣图案主要是花朵和其他在日常生活中观察得到的东西。妇女小组带头人凤就告诉我们为什么她们只是设计和绣花儿：

> 我们几乎不绣其他东西，像动物。原因是我们常常在山上看到花儿。我们几乎碰不到什么动物。之前山上的植物很多，所以我们记得都是大自然的东西。我们有很多花的图案。妇女总是绣那些长在地里的四叶花。我们以前不用化肥，田里很多。每当分地的时候我们就去找长这种野花的田地。每个人都争着要这样的地，因为长这种花的地肥育。这种地里种稻米不用化肥也长得很好。但是，最近这些年花儿都被农药杀死，它们再也不长了。

> 就是这种花，我们叫它猫头鹰花。我们都绣这种花。这种猫头鹰花可以保护我们的庄稼。老鼠来吃我们的庄稼，我们种这些花来保护谷子。所以这也是保护庄稼的花儿。

通过口述故事，我们和其他参与这个口述收集的年轻妇女建立了稳固的友谊和合作关系，我们有了共同努力的目标。在这个过程中，年轻的妇女有机会听到村里老人的故事，并理解传统刺绣的意义。这是一个教育、赋权的过程，妇女们重新发现她们自己文化的根，重新明白这些手艺的价值。年轻妇女表示对老人们的尊敬，并且开始对一代代人传下来的文化遗产产生了兴趣。此外，老人也重建了自信心，通过讲述自身的生命史以及和年轻人分享村子的历史和传统文化，她们找回了自己的能力和骄傲，后来老人们也成立了小组帮助恢复老布的制作。

口述故事收集之后我们还组织了分享会，我们都觉得刺绣是一个重要的资源，有几个妇女非常积极地要成立小组来推动刺绣产品的制作。看到她们的积极性，也看到她们刺绣的精美，我们明白妇女手工艺项目的可行性，于是决定进入下一步。

第二阶段：妇女手工艺小组的发育

在评估妇女手工艺小组的可行性之后，发现工具和材料在村里方便可得，我们决定组织一个妇女手工艺小组，因为我们相信增强合作是妇女能力建设和赋权的关键。我们想挑战强调个人主义和竞争的主流发展思维，希望透过手工艺项目推动一种新的集体合作形式的经济模式。我们从平寨之前妇女发展失败的经验中汲取教训，决定小规模地开动项目。在与妇女积极分子商量之后，我们决定了项目的目标：通过发展刺绣手工艺产品，增加妇女的收入来支持她们孩子的教育；推动新的合作主义和妇女参与；透过经济的赋权提升平寨妇女的能力；保护平寨的传统文化和提升在地的文化认同和自信；提升消费者绿色消费和公平交易意识。

我们和妇女领袖凤一起，到各寨子寻找刺绣技术好的妇女，邀请她们加入妇女手工艺小组。我们帮助召集了几次小组会议，解释妇女工艺小组的理念和运作的方式。妇女（特别是年纪较大的）对我们的合作经济形式没有信心，因为集体化大锅饭的记忆犹新，同时妇女也担心市场，总觉得自己绣出来的东西城市消费者不会喜欢。虽然我们不断地解释合作的重要性和保护传统文化的可行性，也不断保证我们会尽最大努力寻找市场。但是最终，只有七个妇女愿意参加妇女工艺小组。

我们并没有因这个状况而灰心，因为我们明白自 1970 年代末以来中国的农村改革，在农村家庭联产承包责任制之下，很多农业生产只在个人或单户的基础上合作。农民除了婚礼、葬礼和新年之外很少合作。每户都在自己那块责任田劳作，并没有合作的文化（Ku，2003，2007）。我们也知道如果合作想成功，必须通过不同的培训和活动来建设妇女的能力。

作为社区发展的协作者，我们通过不同的手段促进妇女发挥她们的主动性和激发她们的动力。我们协助妇女组织会议并讨论妇女手工艺合作项目的年度计划。我们也承诺给予妇女启动基金贷款，用于购买材料和工具，并承担她们去昆明等地学习参观的花销。

第三阶段：设计和生产过程中的能力建设

为增强平寨妇女手工艺产品市场形势的意识，2006 年 9 月，我们支持妇女小组中的一些成员到著名旅游景点石林去参观旅游手工艺市场。石林的大部分旅游产品都由彝族少数民族生产。平寨妇女探访了当地一家妇女组织，参观了她们制作的旅游产品的类型和她们的手工艺术。她们同彝族比较了针线活中的相同点与不同点，她们讨论了市场价格，并走访了旅行社的人。在第一次市场考察之后，平寨妇女们得出几个结论：这些手工艺产品质量很差，市场价格太低；她们刺绣的风格和技术是独特的，不同于彝族；彝族的旅游产品是机器生产的，她们的却是完全手工。这种考察增加了平寨妇女对市场的了解，也增强了她们的信心。她们从比较当中发现自己刺绣技术的优势。

2006 年 10 月，我们的工作人员带了一些她们的刺绣产品到昆明，进行了一些市场开发。我们找到了产品设计师，跟他一起探索如何把平寨的刺绣设计成不同的产品。我们看到平寨妇女刺绣的精美，相信如果可以开发出一些精品的刺绣产品，一定可以受懂得欣赏的消费者的欢迎，到时不仅妇女可以有所收入，也可以保护壮族的传统手工艺。设计师利用平寨妇女的绣品设计了四种产品——布制书皮、贺年卡和礼品卡、刺绣镜框及抱枕套。我们把这些样品带回平寨村，妇女们都很高兴，她们兴奋地看到自己的刺绣竟然可以变成家居用品和装饰品。

我们强调设计者的参与但同时看重在地妇女的创造性和想象力。因此，原则上设计者并不改变妇女刺绣的样式、色彩和风格。设计者只是用妇女做出来的刺绣产品帮忙设计一些产品。我们也让妇女学习自己成为产品设计师，尊重妇女对产品的选择。我们告诉妇女们，如果一些产品对她们没有意义，她们可以随便放弃这些款式。专业设计师的参与只是为了启发妇女的创造力，从设计师那里学到一些观念后，妇女开始创造她们自己的产品。那几样设计师的产品，妇女们可以接受布制书皮、刺绣镜框和抱枕套。但她们不喜欢贺年卡和礼品卡，因为这不是她们的文化，她们对此不熟悉，认为它没什么用。

2006年9月，我们和妇女小组一起制定出生产计划，并逐步落实。但是，当她们从市场中购买绣线和布料等原材料，一切准备工作都完毕时，她们突然告诉我们不知道下一步该怎么做。我们明白这是妇女缺乏信心的表现。于是2007年1月我们带领平寨妇女再次外出拜访另一家刺绣妇女小组，和其妇女小组带头人和组织成员进行了深度的交流。那个组织建立了3年，并有3000名会员。这个协会组织从外面的工厂获得订单，然后把工作分给会员。她们的产品销往上海、北京和东南亚。会员的平均年收入差不多2000～5000元。这个刺绣小组的成功故事再次给了平寨妇女信心。

回到平寨之后，我们跟平寨妇女一起做了总结。这次访问的组织还是属于彝族，她们的针线活很不错，但她们的针法跟平寨是不同的，属于十字绣。平寨的刺绣是先用剪刀在纸上剪好图案，然后把剪纸放在织布上，再一针针地绣。刺绣的效果是凸面的，跟机器做的很不同，机绣是平面的。她们也学习到这个组织一些宝贵的经验，譬如她们组织内部的分工非常的细，有三个姐妹负责跑市场，有负责做账的。她们还规定在农忙的季节不做刺绣活，只有会员才能从中分到订单的活。她们运作的方法也很简单，她们得到订单，然后定好价格，会员过来拿活，完工之后送回产品。这是合作的一种方式。

实地的走访开阔了平寨妇女的视野，并增强了她们合作的信心。这也加强了她们的组织意识，平寨妇女也发展出自己的组织和合作方式。就像领袖凤解释的那样：

> 我们和她们不同。我们平等分享利润，大家一起做，大家有不同分工，在心里我们感觉公平。我们的产品价格也比他们

的高，因为我们的刺绣更加复杂。我们先剪纸，然后手工刺绣，非常耗时。我们担心市场，担心我们费了很多时间，最后没人喜欢我们的产品，没人买它。但是看了其他人做的东西，我们有了信心。经过这么多年她们才成功，这就是为什么他们能组织这么多妇女。现在我们有信心尝试了。如果我们不去访问她们，看到她们的成就，在心里我们依然有很多不确定性。这种感觉让我们无法定下心来开始工作。

　　这一次我们还带平寨妇女拜访了一家时装公司的经理，商讨合作的可能性，接着还在昆明看了一些民族手工艺商店和花鸟街（昆明最大的手工艺市场）来激发妇女的创造性，帮助平寨妇女了解市场上流行的货品。我们还介绍在昆明开了一家高质量工艺品店的老板林先生给平寨妇女，希望他作为手工艺产品的设计者和店主，可以分享一些市场理念和运作的经验。在这个分享工作坊中，平寨妇女很高兴地学习了很多东西，譬如做生意的技巧，也知道了有三种手工艺产品的市场：大众市场、高质量市场和另类公平贸易的市场。平寨妇女在走访中感觉收获良多，得到了很多生产自己产品的点子。

第四阶段：消费者教育和公平贸易的推动

　　回到村子后，平寨妇女热烈地讨论了她们应该瞄准的市场类型。她们最终决定选择开拓精品的另类贸易市场。对她们而言，大众市场的价位太低，而且她们觉得大众市场产品的质量也差。如果做那么丑的刺绣，她们会觉得羞愧。她们真心希望消费者能够懂得欣赏她们高质量的刺绣，而且更希望价格在某种程度上能反映她们的劳动和努力，以及她们传统文化的价值。

　　为帮助妇女测试市场，并增加她们与外界交易产品的信心，我们决定在两个国际研讨会上卖她们的产品，同时进行公共教育。在这些国际会议上，从2007年2月～7月，平寨妇女做了大量的刺绣产品，例如可以挂墙的刺绣镜框、刺绣手机包、刺绣桌布、刺绣垫子和抱枕套、纸巾盒套、刺绣名片夹、刺绣棉笔套、刺绣情人手链，等等。妇女们在短时间内进步神速，而且她们高度的创造性也让人惊讶。她们从设计者和走访过的市场和商店的产品样式中吸收了大量的灵感和点子，成了自己产品的设计者。

在 2007 年 7 月 16 日～20 日香港理工大学举行的第 15 届国际社会发展联盟大会上（ICSD），我们建了一个销售专柜和展览专柜来介绍我们的项目和展示平寨妇女的手工艺。我们提出如下口号："您的购买将会产生不同""购买平寨母亲的手工刺绣产品，支持她们的经济独立"，还有"购买平寨妇女的手绣工艺品，让我们与她们成为公平交易的伙伴"。

让人倍感鼓舞的是她们的产品在大会上受到与会代表的高度赞扬，有很好的销售记录。许多人对这些刺绣产品的生产过程和产品之外的意义很感兴趣。他们还希望更多地了解妇女小组如何组织起来。

在 ICSD 会议之后的那一周内，平寨妇女的产品出现在云南大学举行的中国农村社会工作和发展国际研讨会上。我们做了同香港会议上一样的事情。但是，不同之处在于平寨妇女参加了这次会议。她们向当地和国际的代表介绍和销售自己的产品。刚开始，一些平寨妇女很害羞，不敢面对面地跟陌生人讲话，但她们很快克服了这种紧张情绪，当她们看到代表们赞赏她们的作品并想购买时，她们笑得像花一样的灿烂。尽管对很多代表尤其是本地的代表来说，她们的作品的价格比一般的旅游民族工艺品市场要高很多，但我们都一一解释她们价格构成的部分，让消费者明白公平贸易的原则——那就是要肯定生产者的劳动价值和文化价值，在购买过程中考虑的重点是免除购买产生剥削，而不单单是价钱的考量。她们还在会上进行了一次表演，并公开回应与会者提出的问题。妇女们的变化让人印象深刻，她们如此的勇敢，表现了真正的赋权。

第五阶段：小组的巩固与发展

在这两次会议上，包括已卖的和与会代表订购的产品，她们差不多赚了 23700 元。这一次的收益对妇女是一大鼓励，然而下一阶段该如何进行呢？如何巩固其组织和规划将来的发展呢？

首先，我们让她们集体决定如何用她们赚的钱。妇女们开始学习簿记和会计的技术。去掉购买原料的成本 1 万元，她们每人可以得到 2000～2800 元。最可贵的是她们决定另外留下 7000 元作为妇女集体（合作）发展基金。

为了帮助平寨妇女巩固她们的项目并理解这种合作形式的意义，我们联系了贵州省很出名的杨建红苗族刺绣学校，希望妇女们可以学习这一组织的运作。杨建红苗族刺绣学校属于一个民间组织，由当地妇女杨建红创办。她的目的是保存传统苗族文化以及增加当地妇女的收入。这个机构主要是提供刺绣技术培训，给年轻苗族妇女工作机会。更重要的是，她以社会企业的方式运作。不仅为了增收，也为了赋权给妇女，增强她们的自尊和自信。她成功推广她们的产品，现在产品远销大城市和海外，像中国台湾和日本。

我们的项目工作员和妇女工艺小组的成员在 2007 年 12 月去了贵州，到了苗族刺绣学校参观。杨建红女士介绍了机构的结构和运作，也介绍了她建立的苗族刺绣博物馆，里边收藏和展览了大量传统的苗族刺绣。平寨妇女和贵州的苗族妇女坐在一起对刺绣技术和妇女小组运作经验作了交流。这次的走访给平寨妇女展示了未来，使她们在平寨推动妇女手工艺小组的信心大增。她们受到杨女士的鼓励，也被她这么多年的坚持所感动，开始明白保存传统文化的意义，同时提高了积极参与的意识。

回到村子以后，她们做了年度规划，为妇女手工艺小组建立了管理体系和规范，并开始从其他自然村招募新成员。她们有明确的分工，例如一个负责簿记和会计，一个负责质量控制，一个负责样式和产品的设计。她们的规制显示了合作精神，促进了集体主义、信任、资源共享和主体参与的意识。

到今天为止，2008 年度计划的某些工作已经完成。她们在 2008 年 7 月建立了一个网站来介绍项目，分享故事，推广她们的产品。从 2008 年到今天，她们成功开发了公平交易网络和选择性市场。例如，她们先后得到了香港大学学生会、香港理工大学、公平贸易店、香港乐施会，还有中欧论坛等的订单。她们开始讨论与香港公平交易动力的长期合作，也开始收集传统壮族刺绣的作品，并准备建立一个传统壮族刺绣博物馆。她们已经在香港理工大学中国研究和发展网络和社联的商务中心设立了一个橱窗，来展览、陈列平寨手工艺产品。2010 年我们也与香港地脉基金会、鄂伦春基金会合作在母亲节一起举办了名为《母亲与女儿》的循环展，这一展览将从香港移到北京、上海、昆明等地，希望教育公众，让更多的人了解我们的理念并愿意参与到我们的事业中来。

我们行动研究的一些成果

经过两年的发展，这项农村社会工作计划基本上按照我们设想的妇女的能力建设和经济改善目标运作。最让人高兴的成就是发展了一个坚定的妇女核心小组，她们热心参与妇女手工艺小组的工作，把它看成自己的事业。另外，我们很高兴看到当地妇女间的团结和合作意识逐渐增长，以及信心和自豪感的增加。通过推动妇女参与和赋权，很多妇女重新有了掌握自己命运的感觉，并对自己的文化遗产产生了更强的认同感。

从消极接受者到积极行动者

妇女从被动的接受者转变为主动的行动者。在项目的开始阶段，妇女认为她们为外来社区组织者工作，因此她们只关心可以从我们这里拿到多少钱。但现在她们清晰地意识到这是她们自己的项目和手工艺小组，发展的唯一可能性就是依靠小组成员的集体努力。

在这个过程中，平寨妇女也发现了她们自身的能力和潜力。刚开始，她们几次要求找些专家来教她们产品设计或简单地给她们设计好模板来模仿。但当平寨妇女有机会到处参观手工艺市场，与其他少数民族妇女比较时，她们的信心增强了。当专业设计师的介入最小化时，她们的创造力和设计能力完全发挥了出来。平寨妇女成了本土设计师，并给我们展示了再创造刺绣样式、颜色和风格方面的能力。项目朝着我们的理想发展："在社区中设计，和社区一起设计，为社区设计。"

推动集体主义和合作精神

这个项目在村子里也打破了个人主义的恶习，推动民众转向了集体主义。刚开始，当我们强调合作组织建设时，平寨妇女们都很冷漠，不明白为何要合作。但是，当她们看到合作和相互帮助的益处时，她们开始理解合作的意义。像一个平寨妇女兰说道：

> 之前我们看不到妇女小组的前景，所以我们不来。今天我们着实喜欢一起刺绣。我们聊天、设计和缝纫。我们相互学习刺绣的技术，很享受，而且还可以交流信息。有一次我突然生病了，妇女小组的姐妹们帮我恢复过来。

面对生活的压力，妇女们也不再孤单。她们可以一起商量、一起分担，平寨中心的妇女手工艺工作坊成了她们喜欢聚集的地方。

发展了妇女关于管理和销售的知识和能力

这个项目的另一方面的能力建设是丰富妇女销售和交易的知识。两年训练之后，她们掌握了做生意的基本知识，例如成本计算、价格设定、市场风险和产品制造。像小组领袖凤说的那样：

> 之前我们不知道如何做生意，我常担心有人可能下了大的产品订单，当我们生产出来时结果他们不想要。我们怎么样才能拿回钱呢？如果不能，我们的损失就很大。我们常常担心这样的事情，哈哈……我们之前不知道怎么去做生意，现在我知道可以跟买主要定金，然后才生产。

增强文化认同和文化保护意识

文化认同危机是中国农村发展的另一个障碍。在市场经济的意识主导下，文化的价值往往用市场的价值来衡量，价格高、销路好才叫有价值。之前因为妇女觉得刺绣没有价值，是因为没有市场，所以大多数年轻女孩不情愿学习刺绣。

在这过程中，我们让妇女们看到她们的刺绣是珍贵的，也让她们明白在主流市场没有销路和价钱低是因为当中的剥削和不公平贸易。当我们转向公平贸易的市场，平寨妇女们看到自己产品的价值，因为购买她们产品的消费者或团体都是因为欣赏她们的刺绣手工和文化意义，而不是看重产品的价格。透过刺绣，她们的收入也不断增加，吸引了更多的人参与进来。她们开始吸收年轻妇女，让她们开始学习刺绣。特别是 2008 年金融海啸之后，许多年轻妇女失业回到了家乡，陆续参加了妇女手工艺小组。会员们都很受鼓舞。就像兰说道：

> 我们都是 40 多岁的妇女，尽管小组中所有的姐妹都会绣花，如果我们不传下刺绣的技术，将来就会消失。现在任何一个 30 岁以下的，甚至更年轻的妇女根本不知道如何做刺绣活。

当我问她们为什么如此享受刺绣时，她的回答着实让我们惊讶：

> 我们为什么保存刺绣？因为我发现村子里的树将来都会被砍掉。我们的后代将不知道山的漂亮景色。现在我们保留下村庄景色的样子就是为了告诉孩子们故事，让他们知道我们家乡的美。当他们欣赏着我们的刺绣时，一切都值了，尽管刺绣辛苦也累人。

妇女现在有了文化保护的意识，她们开始收集古老的刺绣和织物，也准备建个博物馆。她们也与村庄老年人协会里的老妇人合作，恢复古老的布料生产和染布技术。她们希望传统刺绣技术可以得到保存和发展。

经济赋权与性别赋权

我们项目很清晰地希望透过经济赋权使得社区的性别关系得到改变，妇女能够得到赋权。我们深知这是一个漫长的过程，但是在这几年的过程中，从细微之处我们看到刺绣小组妇女与丈夫之间关系的改变。

在平寨，壮族妇女的家庭地位是很低的，家务和农活基本上都由妇女来承担。在饭桌上，我们每次都看到妇女总是在男人喝够吃饱后才开始用餐。可是，我们看到手工艺小组妇女的丈夫对妻子的态度慢慢改变，甚至重视起她们的工作来。我们常看到，当妇女集中在平寨中心赶工的时候，中午她们各家的男人都会做好午饭，给她们送来。每次跟妇女们聊到这事，她们都笑得很开心。

在领袖凤的身上，我们看到她丈夫更大的改变。以前她丈夫基本无所事事，家务不干，田也不耕。但自从凤挑起妇女小组的大梁，为家庭的经济带来很大的贡献后，她丈夫也开始积极行动起来。除了支持凤的工作外，他也参加了我们另外的生态大米种植合作社。

妇女们还跟我们分享了她们经济自主的重要性，譬如凤说：

> 以前我们腰包里没钱，每次跟老公要点零用钱都很难，还要看他们的脸色。到乡上赶集，想买点什么都不行，都要问准了老公。现在我们腰包有钱了，要买什么就买什么。要上街就自己去，不用理他了，哈哈……

经济的自由让妇女们有了尊严，当说到这些的时候，她们都笑得特别开心，让我们深深感受到这对她们是多么重要，也是她们走下去的动力。

结　语

与平寨村民一起工作的七个年头，我们发现农村贫困的核心原因不全是低水平的教育、土地贫瘠、村庄位置偏远、技术无法更新以及缺乏市场经济知识等。毋宁是，农民失去对发展过程的控制并变得被动无助。当面对外来发展主义理念的冲击时，他们对自己发展的道路产生了错误的理解，以为农业商品化就能致富，过上城里人的生活就叫发展，以为外出打工就是改善生活，以为抛弃传统就是"先进文明"。这一切导致他们对农业生产失去了信心，也对传统产生了怀疑。身份认同的危机使得他们非常迷失，生计的困苦使得他们变得悲观没有动力，对发展失去了信心。农村发展的另一个障碍是农户个人主义的抬头，没有合作和集体的支撑，农户个人往往无法与市场竞争，成为了市场经济的牺牲者。

因此，为了农村可持续发展，我们首要关注的不应只是增加生产效率，增加农民收入，而是强调能力建设和赋权的工作。我们应努力在经济赋权的过程中重建在地民众的文化自尊和信心，达到文化赋权和性别赋权。我们在平寨的工作只是另类发展和农民合作的一种尝试。我们相信，发展没有唯一路径，它全取决于是否能够使当地民众成为发展的主体，让他们意识蒙醒和能力提升以抗拒在现代化发展中被边缘化。

我们的项目只是针对这些议题的初步尝试，希望将来能够有更令人鼓舞的发现与读者分享。无论如何，我们有一个梦，希望有一天农村的每个妇女可以轻松地告诉外来者："我们的幸福像盛开的花儿一样。"

参考文献

严海蓉，2002，《来自南岭村的报告》，《中外房地产导报》第 7 期。

Collier, Ken. 2006. *Social Work With Rural Peoples*. Vancouver: New Star Books.

Davis, Deborah. 2000. *The Consumer Revolution in Urban China*. Berkelery: University of California Press.

Eade, Deborah. 1997. *Capacity-Building: An Approach to People-Centred*

Development. UK：Oxfam.

Elisabeth，Croll. 2006. *China's New Consumers*：*Social Development and Domestic Demand.* London & New York ：Routledge.

Ginsberg，Leon H. 2005. *Social Work in Rural Communities.* Virginia，U. S. A：CSWE Press.

Hok Bun Ku. 2003. *Moral Politics in a South Chinese Village*：*Responsibility, Reciprocity and Resistance.* Rowman & Littlefield.

Ku，Hok Bun . 2003. *Moral Politics in a South Chinese Village*：*Responsibility, Reciprocity and Resistance.* Lanham，Md. ，U. S. A. ：Rowman & Littlefield Publishers.

Li，Virginia C. et al. 2001. "Capacity Building to Improve Women's Health in Rural China. " *Social Science and Medicine* 52 （2）：279 – 292.

Lohmann，Nancy and Roger A. Lohmann. 2005. *Rural Social Work Practice.* New York：Columbia University Press.

Moyer，Alwyn，Marjorie Coristine，Lynne Maclean，and Mechthild Meyer. 1999. "A Model for Building Collective Capacity in Community-Based Programs：The Elderly in Need Project. " *Public Health Nursing* 16 （3）：205 – 214.

Plummer，Janelle. 2000. *Municipalities and Community Participation.* London and Sterling：Earthscan.

Saleebey，D. 1997. *The Strengths Perspective in Social Work Practice.* New York：Longman.

Scales，T. Laine and Calvin L. Streeter. 2003. *Rural Social Work*：*Building and Sustaining Community Assets.* Belmont，CA：Brooks/Cole/Thomson Learning.

Sherraden，M. 1991. *Assets and the Poor*：*A new American Welfare Policy.* Armonk，NY：M. E. Sharpe.

Slim，H. and P. Thompson. 1993. *Listening for a Change*：*Oral Testimony and Development.* London：Panos Publications.

Templeman，Sharon B. "Building Assets in Rural Communities through Service Learning. " In Leon H. Ginsberg edited，*Social Work in Rural Communities.* Virginia，U. S. A：CSWE Press.

Tice，Carolyn J. 2005. "Celebrating Rural Communities：A Strengths Assessment. " In Leon H. Ginsberg edited，*Social Work in Rural Communities.* Virginia，U. S. A：CSWE Press.

人类学在凉山彝族乡村社会
发展中的行动研究报告

侯远高[*]

摘　要：通过回顾凉山彝族妇女儿童发展中心的发展历程，探讨了应用人类学的理论与凉山彝族社会经济社会发展实践的结合经验，提出基于文化的发展实践主题和行动策略。最后，从实践归回理论，反思了行动人类学的学科意义。

关键词：行动人类学　凉山　发展

前　　言

2008 年 11 月 29 日，在北京召开的"全球公益论坛"上，举行了第一届"中国民间公益组织典范工程"颁奖晚会。在七个获得表彰的中国本土 NGO 中，有一家受到特别关注的来自西部少数民族地区的 NGO——凉山彝族妇女儿童发展中心。康晓光教授代表评审组宣布评审意见时说："该机构具有鲜明的文化自觉意识、富有特色的原生态发展模式、专业的理念、充满激情的团队，对少

---

* 侯远高，中央民族大学民族与社会学学院。

数民族地区面临的一系列尖锐的社会文化问题做出了及时的富有成效的反应和努力，成为该领域中的一面旗帜。"

这个机构之所以在成立不到四年的时间就成为中国民间组织的典范，最重要的原因是这是一家为实践人类学的理念而创办的行动研究机构，是一批有文化自觉意识的本土学者试图在家乡从事社会实践以探索民族发展道路而建立起来的民间组织。

2005 年 1 月，我和沙呷阿依、木乃热哈、罗庆春三位彝族教师带领中央民族大学民族学与社会学学院的大学生志愿者，回到家乡凉山彝族自治州，联合社会各界的彝族精英创办了当地第一家真正意义上的独立的 NGO。开始以专业的视角调查社区的问题并积极开展国际合作以探寻解决问题的途径，逐渐培养出一支具有奉献精神的专业化的工作团队并吸收大批志愿者，长期深入乡村，与乡民紧密结合以推动乡村治理，探索一种本土人类学介入少数民族社区发展的创新模式。本文将基于凉山的社会现实与创新实践，分析在全球化的背景下，中国西部少数民族面临的发展困境以及人类学回应本土诉求的策略和方法。

一　人类学介入凉山发展的背景

1. 学科应用研究的背景

应用人类学在中国的发展始于 20 世纪 90 年代，学科重建任务基本完成以后，大多数人类学/民族学学者陆续卷入发展研究特别是少数民族发展研究中。这一时期正值中国社会转型加剧，各种社会问题层出不穷，少数民族社会文化发展出现瓶颈，使人类学为政府和国际发展援助机构提供学科服务成为可能。同时，实现人类学本土化的目标也促使学者必须建立与社区和族群的紧密联系，关注其生存与发展。

一直以来，中国人类学介入发展的途径主要是通过获得政府和国际组织支持的应用研究课题，运用人类学理论和方法研究现实问题，破解由于单纯追求经济增长所造成的社会危机，为决策提供咨询和调查材料，甚至以专家和顾问的身份参与政府制定政策的过程，或者承担国际项目的社会影响评估工作。在此过程中，人类学家扮演了两种截然不同的角色：一是在中国现代化语境中参与"发展"话语与意识形态的建构，为政府行为的合理性提供依据，或者提供批评性的支持与建议；二是在后现代思潮的影响下，解构发展主义，批判以牺牲环境和民族文化为代价的发展模式，尝试从内部颠覆传统发展观。

进入 21 世纪以后，应用人类学在中国的发展出现了新的变化，一方面，人类学专业毕业的学生开始进入国内外 NGO 工作，直接参与发展援助项目的设计和管理，用专业视角影响援助政策和行动策略；另一方面，有些学者在地方政府和国际组织的支持下，在民族地区指导实施了一些文化保护项目，如尹绍亭教授在云南推动"民族生态村"建设的工作。

但是，从国内外应用人类学发展的历史和现状看，人类学在发展援助中始终扮演的是一个配角，没有主导权和行动力。通常只停留在分析问题、解释问题和提出解决问题的办法这个层面，不能直接参与到实际问题的解决过程当中去。不能从幕后走上台前。虽然有几个运用人类学的理论和方法具体指导社区变迁的个案，但都因为不能与社区社群融为一体，而不能产生持续影响。

2. 凉山彝族乡村的社会现实

凉山彝族概指彝族中操北部方言的群体。它是彝族中人口最多、分布最广的一个支系。200 多万人口除聚居在四川凉山彝族自治州所辖 17 个县市外，还广泛分布于乐山、雅安、攀枝花、甘孜、迪庆、丽江、楚雄、昭通、大理、怒江等周边地区。大小凉山是中国最大的集中连片的贫困地区之一。截至 2008 年，全州人均纯收入 1000 元以下的低收入人口有 153 万，占农村总人口的 42.26%，人均纯收入低于 625 元以下的绝对贫困人口 58 万人，占农村总人口的 16%，比全国平均数高 13 个百分点。

自 20 世纪 90 年代以来，国家加大了对民族地区的扶贫力度，凉山的贫困问题在很大程度上得以缓解，绝对贫困人口逐渐减少。但是，这 20 年来，凉山彝族社会与汉族地区的经济发展差距不是缩小而是拉大了。不仅与沿海发达地区，甚至与凉山本地汉族农村都形成强烈反差。出现城乡差别、贫富差别和民族差别重合。

与此同时，受外来文化传播和市场经济的影响，凉山彝族农村贫困人口为争取发展机会而大量外流，成为西南地区城市流动人口中人数较多的一个特殊边缘群体。他们多数附城而居，以打零工为业。但也有相当一部分人以盗窃抢劫为生。随着横穿凉山的成昆铁路成为境外毒品运输的重要通道，凉山彝族吸贩毒人口急剧增加，并在部分彝族乡村泛滥起来。伴随海洛因进入凉山的就是艾滋病。2001 年底，全州累计发现 HIV 感染者只有 715 例，到 2008 年底，全州 HIV 感染者已经超过万人，成为中国艾滋病问题最严重的地区之一。

3. 人类学与凉山的渊源

凉山彝族社会是中国人类学传统的研究对象。自 20 世纪三四十年代以来，杨成志、林耀华等老一辈人类学家就在凉山完成了他们一生中最重要的学术论著。新中国成立以后，凉山彝族保存完整的奴隶制社会形态一度成为中国社会科学研究的热点。改革开放以来，凉山成为中国民族学/人类学重要的教学科研基地，每年都有许多师生上凉山开展田野调查和社会实践，积累了丰富的第一手资料。

20 世纪末，凉山的贫困问题和社会问题开始引起广泛关注，对凉山的研究开始从历史文化转向运用学科知识解决当前面临的发展问题。以巴莫阿依、马林英、罗庆春和马尔子为代表的一批彝族学者出于对家乡发展问题的强烈关注，开展了一系列的学术努力和社会活动，走上了一条用知识反哺家乡的创新实践之路。

4. 从应用研究到创办 NGO

2001 年初，针对凉山毒品和艾滋病日益严重的问题，由张海洋教授领衔，我和木乃热哈老师具体组织实施了中英艾滋病防治合作项目重点课题"（凉山）本土资源与弱势群体参与艾滋病防治的途径"。第一次把人类学的应用研究扩展到公共卫生领域。

2002 年 1 月，当我们进入社区开始全面调查时，这个乡因吸毒死亡或伤残的人数已达数百人，还有更多的青少年被拘押在戒毒所、劳教所和监狱。地里干活的都是老人、妇女和孩子。越来越多的家庭支离破碎，致孤儿童日渐增多。因吸毒和疾病返贫的现象非常突出。这个过去在大凉山最称富庶的地方已经一贫如洗，政府十几年扶贫的成果荡然无存。

但是，在调查中我们也发现，当地人纷纷采取了自救行动。许多家支举行了禁毒仪式，各村寨召开了禁毒大会，女孩们在编唱禁毒歌曲，许多家长把吸毒的孩子关在家里强制戒毒。更有意义的是，昭觉县竹核社区各个家支的头人和村干部在政府的支持下，成立了民间禁毒协会，发展了 500 多名会员，他们在村里组织禁毒巡逻队和禁毒宣传队。用彝族习惯法和乡规民约开展禁毒斗争，经过努力，扭转了社会风气，遏止了毒品进一步泛滥的趋势。但是，由于交通便利，吸贩毒人员处在高度流动的状态，家支和禁毒协会很难控制其行为，特别是在周边地区没有采取共同行动的情况下，单靠一个小社区的民间力量，没有办法根本解决问题。况且，由于缺乏资金，禁毒协会的工作不能长期坚持。所以，当地的吸贩毒问题不断出现反复。

2003 年初，我们在三个月实地调查的基础上完成了课题总报告《凉山艾滋病问题的社会文化分析与本土化防治模式》。这份报告成为后来我们在这里开展一系列工作的基础。

2003 年 4 月，为了支持民间禁毒协会继续开展禁毒行动，并把艾滋病预防宣传纳入协会的工作内容。我们申请了世界银行的小额赠款项目"凉山腹心地区毒品和艾滋病社会控制行动"。2004年，我们又申请了教育部博士点基金项目"凉山腹心地区毒品和艾滋病社会控制研究"。这是我们第一次把行动和研究结合起来。

2003～2006 年，我们连续几年组织中央民族大学民族学与社会学学院的本科生和研究生上凉山，深入到毒品和艾滋病问题最严重的乡村调查受毒品和艾滋病影响的家庭，特别是妇女和儿童的情况，拍摄了几部震撼人心的纪录片。2004 年底，我们又申请获得了中美商会的慈善捐助项目"凉山受毒品和艾滋病影响儿童救助示范项目"。这个项目的目标：一是对 50 名孤儿进行为期一年的学习救助和生活救助；二是帮助 50 名贫困妇女开展生产自救。

2005 年 1 月，当中美商会的项目资金到位以后，我们马上面临的问题就是：孤儿和困难妇女那么多，我们救助谁，不救助谁，项目结束以后又怎么办？针对这些问题，我们召集北京、成都、西昌等地的彝族精英座谈，最后大家讨论出来的办法只有一个，就是成立一个专门的机构来从事这项事业。

2005 年 3 月 15 日，在地方政府的支持下，凉山第一家真正意义上的 NGO——"凉山彝族妇女儿童发展中心"登记注册，并成立了理事会。2005 年 4 月，"中央民族大学民族学与社会学教学科研基地"在昭觉县竹核乡挂牌。自此，一个以大学为依托，以 NGO 为组织形式，依靠整合社会资源介入少数民族乡村发展的行动正式开始实施。

二　基于文化的发展实践

我们选择介入凉山发展的另一个重要原因是因为经过长期的田野调查，我们发现这里集中反映了中国少数民族在发展中面临的各种矛盾和冲突。贫困、文化边缘化、生态环境遭受严重破坏、人口不安全流动、毒品和艾滋病等影响少数民族发展的主要因素，在凉山彝族这个群体中都纠结交织在一起，形成恶性循环，不仅使发展陷入困境，还彻底破坏了传统乡村治理结构、社会规范和文化价值观，成为典型的"失神的社区"[①]。要破解这个族群生存和发展的

---

① 张海洋，2006，《构建和谐社会与重建有"神"的社区：再论中国的多元文化与和谐社会》，《中国民族报》3 月 23 日。

迷局，对人类学的挑战是无与伦比的。

人类学基础理论和方法有助于我们解释少数民族贫困持续和艾滋病易感性的原因，而应用人类学则有可能为社区找到解决问题的办法，使有计划的变迁和社会改良朝向能使当地人享有权利的方向发展。但是，长期以来，习惯于坐而论道的中国人类学缺乏起而行的条件和途径。随着国际发展援助的深入和中国 NGO 的兴起，我们终于有机会尝试主导乡村发展实践，以挑战发展领域的主流话语。

1. 实践主题与行动策略

我们在凉山开展乡村实践的主题是：基于文化自觉、社会自救和民族自强的理念，从关爱生命和健康入手，通过能力建设和赋权行动，开展禁毒防艾、儿童救助、青少年教育、扶贫和抗震救灾等工作，全面应对贫困、人口不安全流动、毒品、艾滋病和灾害所造成的社会危机。

行动策略：①运用人类学方法开展基线调查和需求评估，制定行动计划，设计和论证项目；②发挥理事会的作用，与国内外基金会和公益组织建立伙伴关系，同时争取政府、企业和社会的支持，解决资金问题；③从各个大学挑选有志愿精神的凉山籍毕业生，进行专业培训，组建创新实践团队；④培训农村有志青年成为社区工作者、同伴教育者和文艺宣传员，建立乡村工作网络；⑤与地方政府部门和民间权威人士合作，共同实施项目；⑥开发监测评估工具，完善各种管理制度，加强自律和诚信建设，提高社会公信力；⑦学习和借鉴其他组织开展乡村工作的经验，探索适合凉山实际的发展模式；⑧利用媒体宣传，加强社会倡导，推动全社会参与。

2. 创造适合当地社会特点的儿童救助模式

关注最脆弱的人群是人类学的传统。近年来，凉山因为各种原因致孤的儿童已达 8000 余人。2005 年以来，我们每年都组织大学生志愿者下乡普查孤儿，利用调查报告和拍摄的纪录片，呼吁政府和社会采取切实行动救助这个面临人道主义灾难的人群，并自己组织各种慈善募捐活动，募集社会资金，采取多种措施开展救助行动。四年来，我们探索了两种儿童救助模式。

第一种是创办"全寄宿制的爱心班"。我们在孤儿比较多的乡镇，把失学、辍学的适龄孤儿集中在中心小学办全寄宿制的爱心班，使孩子从生活、学习、心理各方面得到综合的救助。先后在布拖、昭觉、美姑、越西和喜德等县办了 5 个爱心班，使 200 多名孤儿获得了健康成长的机会。

第二种是建立"一对一委托异地抚养"网络：对于那些没到读书年龄的孤儿，我们通过联络社会各界的爱心人士与亟须帮助的孩子建立一对一的委托抚养关系，充分利用社会资源，搭建救助更多孤儿的桥梁和平台。

在我们的影响和带动下，凉山致孤儿童的问题受到社会广泛关注。其他国际组织借鉴我们的经验，又陆续开办了 15 个爱心班，使近千名孤儿得到了长期稳定的救助。目前，我们正在募集资金，计划在艾滋病问题最严重的社区建立"儿童希望之家"，为社区中的致孤儿童、残疾儿童、服刑人员子女和留守儿童营造一个属于他们自己的幸福乐园。

从救助儿童入手开展乡村工作，使我们赢得了广泛支持和信任，为我们开展其他工作打下了良好基础。

3. 探索应对艾滋病的文化策略

毒品和艾滋病之所以成为凉山彝族乡村发展的最大威胁，一个重要的原因是大多数彝族乡民不懂汉语，不能通过主流媒体和正规教育机构获取相关知识和信息，知识的不可及性，使青少年缺乏预防毒品伤害和艾滋病的基本知识，成为高危和易感人群。

经过多年的实践，我们在吸收国际经验和挖掘本土文化资源的基础上，探索出三种本土化的教育模式。

第一种模式是利用彝族乡村音乐艺术开展大众健康教育。2006年 8 月，我们建立了一个由民间艺人和农村青少年组成的"凉山彝族乡村艺术团"，把民族艺术与禁毒防艾结合在一起，编排出凉山第一部彝族母语戏剧《噩梦初醒的山寨》，并开始在大小凉山的彝族乡村进行巡回演出。到目前为止，已经演出了 280 场，观众达 20 万人次。创造了一种宣传效果最好、群众最喜闻乐见的艾滋病宣传教育模式。

第二种模式是开发一套彝语版的同伴教育手册，组织和培训一支乡村青少年同伴教育队伍，深入村寨用参与式方法在青少年中普及生理卫生和生殖健康知识，学习应对毒品伤害和不安全性行为的技巧。已有 2800 多名彝族青少年参与到这个同伴教育网络中来。

第三种模式是开发出一套针对彝族乡村青少年的《健康和生活技能培训教材》，目的是提高少数民族青少年对人的生理、发育、疾病、营养和个人健康的了解；通过对文化、价值观和社会规范的分析，加强和促进那些能够有利于提高青少年生活质量的态度和行为；使学员掌握克服成长过程中的各种挑战、成为负责任的社会成员所需的各种生活技能，包括与人交流沟通的技能、做决定的技能、坚持原则的技能、设定目标的技能和应对同伴压力的技能等。截至目前，我们使用这套教材，已经对 500 多名校外彝族女孩进行了系列培训，以弥补她们在教育上的缺失，提高适应现代社会生活的基本技能。

目前，我们在继续推广上述三种健康教育模式的同时，正在组织彝族母语作家，与凉山电视台和广播台合作，开发彝语电视剧和广播剧，准备利用各种现代传媒和影视手段，全面推动针对彝族乡村的禁毒防艾和普法宣传教育。

4. 跨越文化障碍以解决人口不安全流动问题

中国的现代化和城市化进程引发了少数民族人口的大规模流动，彝族村寨"空巢化"的现象已经非常普遍。由于存在文化障碍和缺乏城市生活技能，少数民族农村人口向城市流动的遭遇与汉族农村人口向城市流动的遭遇有很大的不同。少数民族在城市遭受到更多的社会歧视和文化冲突，也是在就业市场上最缺乏竞争力的人群。少数民族青少年犯罪、非法劳工剥削、童工事件、卖淫、拐卖儿童、婚姻诈骗、吸贩毒和艾滋病等一系列社会问题都是人口不安全流动的恶果。

为了探索一种跨越文化障碍、降低流动风险的办法，同时，也为了帮助彝族妇女增加经济和社会机会，2006 年 8 月，我们建立了一个"农村女子技能培训和就业安置基地"，开发了一整套培训课程，对来自贫困山区的校外彝族女孩免费提供普通话、城市生活技能、卫生知识、文明礼仪、法律和就业指导方面的短期培训（2 ~ 4 个月）。培训结束以后，把她们安置在本地服务业和沿海地方的外资企业就业，我们还在安置地建立服务站，定期对她们进行跟进回访，了解她们在企业的生活和工作情况，及时解决出现的各种问题。形成了"技能培训—就业安置—跟进维权服务"一条龙的劳务输出模式。

截至目前，我们已经培训了 500 多名来自贫困家庭的校外彝族女孩。这些女孩有的在宾馆酒店从事客房、餐厅服务；有的被安置到广州和浙江的工厂打工；有的回乡参加我们组织的创业扶持计划。无论她们走到哪里，我们的培训都对她们的人生产生了积极的影响。

5. 尝试与乡村治理相结合的扶贫策略

为了解决贫困家庭的生计来源问题，我们在农村组织成立过妇女手工生产互助组，开发彝族手工刺绣商品；我们还组织艾滋病家庭和抚养孤儿家庭开展生产自救，扶持她们养猪、养鸡、种蔬菜和果树。由于缺乏市场经验，我们的手工项目难以持续。但是，我们采取彝族传统的"借猪还猪"的办法发展家庭养殖业的效果很好。

目前，我们已经选择了一个特困村，准备把农村生计发展与乡村治理结合起来开展工作，已经开始实施"圈养多胎山羊项目"和"送光明点亮希望项目"。

三　行动人类学的学科意义

"建设社会主义新农村既是执政党长期以来不断完善的执政理念，同时也是中国知识分子理论联系实际的本土化认识过程。"

"从事人文社会科学的知识分子只有与我国农村实际相结合才能实事求是的'做学问'。"①

学科的价值在于是否能够推动人类的进步事业，是否能够为国家和民族的发展服务。人类学知识是通识教育的重要内容，对于改变人们的观念和行为具有极其重要的作用。将之运用于治理现实社会中人们因观念和行为的不当造成的后果具有显著的优势，因而，是社会改良的重要思想武器。人类学是从异文化的乡村调查发展起来的，现在应该是回馈少数民族乡村社会的时候了。

我们在凉山的工作源于人类学调查，并试图把应用研究延伸到社会行动层面。整个过程都体现了人类学的情怀和理想，也贯彻了人类学的理念和方法。首先，对彝族文化的深刻理解和对社区的长期调研是我们在这里开展工作的基础。没有人类学方法的调查分析，我们不可能清楚毒品和艾滋病流行的原因，也不会真正理解当地人的处境和需求；没有对彝族文化的尊重和了解，我们就找不到解决问题的办法和途径。其次，虽然我们的工作是为当地人提供所需要的知识和服务，但是，如果没有人类学的整体观、文化相对论和尊重主体性的思想，我们就不可能真正做到"以人为本"，就不可能把民众动员和组织起来。如同乡村学校修得再好，乡民还是不愿意送孩子读书一样。如果还是坚持认为穷人是愚昧无知的，始终让他们处在被动接受的地位，不尊重他们的权利和意愿，乡民是不会积极参与的。任何针对当地人的发展计划都要通过他们自己的努力来完成。因此，采取赋权行动，引导他们能够对自己的社区和民众负责，逐渐使他们成为发展的主导力量，才是乡村建设运动的核心。

从事自然科学研究离不开科学试验，从事人文社会科学研究必须深入开展社会实践。但是，长期以来，由于我们的评价体系重理论轻应用，重书本轻实践，重数量轻质量，培养出一大批从书本到

---

① 温铁军，2006，《新农村建设理论探索》，文津出版社。

书本，从理论到理论的完全脱离实际的专家教授，使学科丧失知识创新的能力，使培养的人才不能适应社会发展的需要。近年来，我们在与国外许多大学的交流中，发现一个重要的趋势，就是鼓励大学与社区建立联系，促使知识和技术尽快转化为发展动力。因此，建立各种社会实践基地，鼓励各个学科深入基层与社区发展相结合，与群众建立血肉相连的紧密关系。完成从理论到实践，再从实践到理论的知识创新的过程，已经成为学科发展的方向。

几年来，我们在凉山的工作都是围绕各个项目展开的，而论证和实施这些项目都是围绕如何形成和推行新的发展理念而进行的努力。项目实施的过程就是学术研究的过程，农村发展的实践就是检验和展示学科知识的过程。人类学可以通过指导少数民族社区发展，可以探索维护少数民族文化生存与经济权利的途径和策略。为此，我们建立了一个按照国际规范进行管理的机构，打造了一支由专业人员构成的具有志愿精神和创新能力的工作团队。我们总结出来的无论是经验还是教训，对于国家、民族和学科都具有重大意义。

有的人把我们在凉山的工作简单理解为是做慈善公益事业。事实上，我们是以大学的知识和人才为后盾，试图在学科理论指导下，在家乡从事社会实践以探索民族发展道路的有高度文化自觉的人。我们是在全球化的视野下，围绕国家发展的方针和政策，结合本土文化特点和社会需求，不断探索新的发展经验的一支生力军。作为少数民族人类学学者，我们是把人类学理论和方法当成思想武器和认识工具，向不平等、边缘化与权利被剥夺宣战，并在反思传统人类学所标榜的"客观中立"的基础上建构新的"迈向人民的人类学"。

我们在凉山的工作才开了一个头，学科的介入还很肤浅，离真正解决凉山彝族乡村社会的发展问题还很遥远，不足以对同质化的发展趋势构成威胁，基于文化多样性的发展实践还没有取得突破性的进展。好在我们已经找到了路径，我们将沿着这个方向继续探索下去。

　　所幸的是，四年来，中美商会、世界银行、美国中华艾滋病基金会、美慈国际组织、耐克基金会、默沙东基金会、全球基金、联合国教科文组织、中国红十字会李连杰壹基金、香港乐施会等机构给予了我们及时的资金援助和技术支持。我们在凉山开展的各项工作都得到了各级政府的理解和配合，我们也始终坚持与政府的目标相统一的原则，把机构的工作任务与政府职能部门的相关工作有机地结合起来，使我们真正成为区域发展的一支辅助力量。

行动研究中知识
与行动结合的反思

李　敏*

摘　要：本文通过对乐施会城乡循环流动行动研究项目和农村社会学习网络建设两个案例的论述，思考了行动研究中研究与行动结合的问题。文章提出的经验包括：首先在相互理解和尊重的基础上，建立信任关系；其次研究者需要学会妥协；再次，在行动研究的各个环节，均需要通过充分的参与来保障各方行动研究的主体地位。在NGO 的试验行动中，也需要学者的参与对行动过程的观察，甚至参与到关键的行动中。

关键词：行动研究　反思　主体性

行动研究越来越成为发展领域中学者与 NGO 合作中所崇尚的一种方法。在 NGO 看来，采用这种方法可以使项目实施所依赖的信息更加系统和科学；学者采用这种方法，可以增加所生产知识的实用性。但作为行动研究的主角，NGO 和学者在合作时却面临种

* 李敏，乐施会项目官员。

种挑战。美国乐施会的 Laura Roper 曾在其《实现学术与实践成功合作》一文中总结了阻碍学者和 NGO 良好合作的种种因素，如学术研究注重发现普遍性规律，探索性研究本身非常有价值，而 NGO 行动则针对具体问题，需要具体建议；学者喜欢以批判性，而非建设性的方式来提出观点，激起争论，而 NGO 更需要建设性的建议，而非仅仅是问题的呈现和批评；学术崇尚学术权威，而 NGO 注重参与式、认为每个人都利用自己的知识，可以为问题的解决提供帮助；学者开展的多变量定量研究方法和结果呈现都太复杂，作为外行的 NGO 难以理解，同时如果抽离了社会背景的定量研究结论和 NGO 的认识差别太大，更会加剧 NGO 对学术研究的怀疑。Laura 的总结让我们认识到学者和行动者结合的不易，本文将在两个案例的基础上，探讨行动研究中知识与行动结合的相关问题。

案例 1：乐施会城乡循环流动行动研究项目
项目的缘起

乐施会在工作中发现机构在工作中存在城乡二元分割的局面，城市生计团队主要关注农民工在工厂或城乡接合部中的问题；农村生计团队主要关注留在农村社区的贫困人口问题。整个机构对于往返流动对流动人口的生计问题和需求缺乏深入了解和认识。相关团队已经开展的一些尝试常常以失败告终，如农村生计团队在开展的务工前职业技能培训后发现，其培训的内容打工者在流到城市后可能根本用不上；城市生计团队在工厂区尝试对那些希望返乡创业的青年开展返乡创业能力培养活动，但发现参加者是雄心勃勃而回，却很快又悄然返城。返乡打工者在返乡后所面临的问题对于城市生计团队来说是盲区。因此，乐施会成立了一个城乡循环流动跨团队合作小组。合作小组由乐施会的城市生计、农村生计和灾害团队及教育团队等具备丰富经验的工作人员组成。合作小组计划一起来开展城乡循环流动行动研究，以了解清楚完全定居在城市或完全留在农村以外的城乡往返流动人口的生计和生活方式，其面临的问题和需求，并开展试点项目，总结可行的干预模式。

项目的开端——第一期行动研究

为了先对流动家庭在生计、家庭迁移、社会服务、社会融合等流动环节的情况和存在的问题及需求有所了解，乐施会组织了第一期调研活动。第一期的行动研究由学者、乐施会和乐施会在贵阳合作伙伴 NGO 共同来完成。以下是对行动研究过程及各方在合作中关系的介绍。

（1）调研计划的筹备：在学者和合作伙伴介入之前，乐施会工作小组共同讨论和制定了研究框架及调研内容的草稿，厘定了调查对象的选择标准，并初步选择了调查地点。城、乡生计项目团队的加入为未来研究成果直接转化为行动干预提供了基础。

（2）调研团队的成立：在筹备调研计划的同时，乐施会也在寻找合适的研究学者及合适的 NGO。乐施会对于学者的考虑是希望委托学者来合作开展调研活动，撰写调研报告。而 NGO 是希望在调研社区已经开展工作，熟悉社区成员，可以为学者的进入提供方便。在实际操作中，调研团队最终由贵阳本地 2 家 NGO 的 2 名工作人员、4 名学者和 1 名乐施会工作人员共同组。其中，贵州省民族所一名有经验的学者在项目组中担当负责人。在当地 NGO 的选择上，选择的标准是对城乡循环流动议题有兴趣，在社区已经有一定工作基础，未来存在合作开展试点干预项目的 NGO。他们的加入，一方面可以便于调研人员的入场，消除城乡接合部流动人口的戒心，便于获得真实信息；另一方面，他们的加入使调研的行动指向性更加明确，研究不仅仅是发现问题，而是调研的同时思考和发现解决这些问题的现实可能性。

（3）开展调研活动：调研活动面临的第一个问题就是寻找在城、乡两端不断循环流动的群体。我们希望被调研群体最好能来源于同一个村或一个乡，在城市调研后，还能追回到其老家继续开展流出地的调查。我们首先通过调研团队成员意气风发红十字会（以下简称意风）在 2008 年初雪凝灾害救援中的物资发放名册，找到了来自同一乡镇的人。在预调研和正式调查后，调研团队才终于发现了来自贵州惠水的一群拾荒群体。这一群体在贵阳和惠水县甲浪村以二周左右的周期不断地循环往复流动，该群体已有十几年的存在历史。这一群体确定后，流出地的地点基本被确定下来：贵阳太慈桥城乡接合部与对接相对紧密的惠水及对接相对较弱的贵州织金县桥上村。桥上村也恰好是乐施会另外一个合作伙伴的项目点。最终，调研小组用了一个多月的时间在四个项目点开展了调研活动。

（4）调查资料的整理和调研报告的撰写：案例报告的整理过程 NGO 的参与人员也需要参加。但案例提交后，团队负责人发现，由于缺乏案例撰写的经验，NGO 工作人员整理出来的案例只有条框，而没有有血有肉的案例细节，也缺乏所寻找到的案例背景的描述和自身的观察记录。因此，学者和 NGO 工作者聚在一起讨论案例的写作方法。最终，NGO 工作人员终于能够很好地完成案例的写作。在调研报告的撰写上，乐施会非常希望学者和 NGO 工作人员能共同讨论来完成。但 NGO 参加者所提交的报告只能是案例的简单分类罗列，缺乏对问题的归类和分析。由于时间紧迫，最终报告基本上全部由学者完成。

第一期行动研究的调研报告在大量案例的基础上展现了流动人口在生计、家庭迁移、社会服务和社会融合四个方面的情况及所面临的问题和需求，如外出前的务工培训，返乡创业需求，城、乡家庭成员之间的情感沟通问题等。

第二阶段——部分试点行动研究项目的开展

通过第一期调研，项目组发现了惠水的拾荒群体，乐施会农村生计、灾害团队和已经在流动人口居住社区开展过工作的贵州意气风发红十字会决定合作，针对该群体开展短期城乡循环流动的干预性试点项目。同时，乐施会也和贵州社区建设与乡村治理促进会和仁乡村发展研究所（以下简称和仁）合作开展返乡创业项目试点项目。

在返乡创业的项目中，和仁的工作人员本身具备丰富的研究经验和研究能力。因此，此次行动研究中和仁既是研究者，又是行动者。对于返乡群体的行动研究主要包括两部分：一方面是在推动返乡群体的创业过程中，和仁将记录在不同的发展阶段，作为行动者其自身的策略选择、工作手法的记录和反思过程；另一方面，和仁也将通过 DV、会议记录等方式记录社区返乡群体在进行创业的各个环节中，如了解自身处境，选择创业项目，提升信息、市场、风险等方面能力中如何不断实现自我认识的反思过程。

在乐施会的生计、灾害团队和贵州意气风发红十字会合作开展的贵州拾荒群体城乡循环流动试点项目中，项目本身将通过儿童活动中心、二手店等平台，开展城乡生计互助小组、家庭情感支持小组、妇女健康培训等项目来回应妇女们在短期不断循环流动中所面临的问题。

在开展试点项目的同时，乐施会也将与学者合作来开展行动研究，一方面，在原有调研框架的基础上，通过跟踪研究的方法，继续深入跟踪城乡循环流动中的生计、家庭迁移、社会服务和社会融合四方面的情况；另一方面，跟踪研究意风的干预行动，通过对目标群体的行动逻辑的研究，来评估意风在回应城乡循环流动问题上干预项目的效果，并提出可能的改进建议；在过程中，学者也将对自身研究知识形成的过程进行反思和记录。

从 2008 年 12 月开始，乐施会已经邀请学者开始参与拾荒群体短期城乡循环流动干预项目的设计、需求评估等活动，但对于行动研究方面的设想，学者至今仍旧没有形成自己完整的方案。在交流中，学者表示"缺乏在一个既定的要求和框架下进行命题作文式的工作经历"，"觉得像是带着镣铐跳舞，不舒服、不习惯"。学者曾一度把行动研究主要理解为记录干预项目团队的行动过程，对行动者能力及效果进行评估。对于 NGO 合作伙伴的能力，学者觉得他们缺乏社会工作专业的训练。在长达半年往复的沟通中，我们看到了身处象牙塔的学者对行动研究接受的艰难以及 NGO 和学者合作的张力所在。

案例 2：农村社会工作学习网络①

农村社会工作学习网络项目缘起

几位来自中华女子学院、云南大学、香港理工等社会工作系的老师认识到中国社会工作从西方引进，但其主要功能是回应改革开放中城市出现的社会问题，而在农村发展问题的回应上基本为空白，缺乏系统的理论和实践体系。但同时，中国存在一批 NGO，他们多年来投身在农村社区的贫困、环境问题、基础教育、公共卫生等农村发展工作中，而其经验缺乏系统的总结和梳理。出于学者的责任感和使命感，他们发起了农村社会工作学习网络项目，希望通过工作坊、考察等方式来挖掘这些 NGO 的农村发展工作经验，最终形成本土化的中国农村社会工作方法和理论体系。

在建立本土农村社会工作方法和理论体系的理想下，学者们总结出了需要讨论的五个话题：农村发展工作的理念、机构与项目的团队建设、草根组织的建设、NGO 的外部环境和关系处理、志愿者的开发和管理。根据这些话题，他们筛选出陕西妇女婚姻家庭研究会、河南社区教育中心、山西永济市寨子村农民协会、安徽阜阳南塘村合作社、云南绿色流域等十几家具备丰富农村社会工作经验的 NGO，并计划在其中四五家机构的所在地召开研讨会，并考察项目点。

对于此计划，发起学者的定义为"行动研究"，即希望打破象牙塔式的文献资料的研究方法，和行动者一起来建构知识。

第一期会议的召开和学者的反思

2008 年 1 月，第一期研讨会在北京召开，会议的主题为农村发展工作的理念。会议重点邀请了陕西妇女婚姻家庭研究会、河南社区教育中心等几家讲求理念的 NGO 来参与做发言。另外的一些 NGO 主要参加讨论。第一期工作坊中，参会者展示了理念在农村工作中的应用，如参与式、能力建设等理论应用的实践经验、"以人为本、社区为本、以民为本"，"能力建设"等概念在农村发展当中的应用、

① 本案例在访谈农村发展网络中华女子学院杨静老师的基础上形成。

性别与农村发展实践等。在会后的反馈中，参会的 NGO 认为此次会议拓展了他们的视野，帮助他们梳理了发展理念中的很多概念。但同时，参会者也对此次会议产生了更多的疑问和不满。

第一，NGO 参会者对会议的目的有疑问。大家开展农村工作时，都有自己的专业背景和理论假设，如参与主导的生态旅游、农药替代等，为什么要统一为农村社会工作？

第二，NGO 参会者对学者的批判态度的批评。在会议过程中，学者们为了刨根问底，其中三位组织会议的学者在案例分享者的发言和讨论中，会直接穿插提问"你工作背后的理念到底是什么"，为了刺激一些学者清楚表达自己的理念，甚至发难"是你成就了＊＊工作，还是＊＊工作成就了你"，咄咄逼人的问话姿态虽然能够帮忙深挖发言机构的工作理念，但被逼迫的感觉却让参会的 NGO 很不舒服。

第三，部分 NGO 参会者的失语。在学者不停地追问"您的工作中有什么理念"时，部分 NGO 工作者在现场产生了失语感，突然在会议中找不到自己的位置，不知道怎么参与对话。一位有 20 年农村发展工作经验的 NGO 工作者在追问中只能反复说"我们就是社会性别平等"。

第四，对参会目的的评价。虽然一些 NGO 工作者希望通过参加会议，增加社会工作理论的学习和了解。但一些学者在会议中反馈，"为了给邀请者面子，所以才参加此次会议"。

行动研究者对"农村社会工作网络"的反思

会议后，原本准备在 2008 年 8 月召开的第二期会议被推迟举行，几位学者开始反思第一期会议时所出现问题的原因。

谁的需要？对于会议，一些 NGO 工作者希望通过参加会议，增加社会工作理论的学习和了解。但在会后的反思中，学者们发现，他们的需要主导了整个会场。在第一次会议中，暂时聚在一起的参会者之间并没有建立完全的信任关系。在这样的场域中，一些参会者并不能完全打开自己，对于自己工作行动逻辑的描述和解释会有所保留。但学者们的追问和尖锐的逼问让他们感觉无处可躲。NGO 希望有所保留的感觉没有被学者体察，批判式的提问让 NGO 感觉缺乏被理解，不被尊重。

谁的研究？对于农村社会工作网络，研究者将其定位为行动研究。但在反思中，学者发现，在农村社会工作理论的建构中，NGO 的角色主要被限定为提供资料。研究话题、学习分享会议的时间安排、会议日程、案例的写作在计划中都由学者来主导完成，NGO 工作人员主要是配合。会议过程中，案例分享得是否成功也是以能否凸显书中所设计章节的主题来评价，那么行动研究中，NGO 的主体性在哪里？

第二期会议和反思

在经历了近一年的反思后，学者们于 2008 年 11 月底在河南召集了第二次会议和考察活动。此次会议充分吸收了上一次会议的经验教训。在工作坊中，会议定位为以满足参会 NGO 相互学习和交流经验的需求为主；在筹备小组中，学者邀请 NGO 工作人员共同参与讨论和制定会议日程安排、项目点安排等；在四天的会议中，每一环节结束后，筹备小组都会及时聚在一起总结和反思上一环节会议中的收获和存在的不足，并根据会议现场的反应及时调整下一环节的安排，以更紧扣参会者的需要；在案例分享的环节，对于一些没有完全扣紧发言题目的发言者，学者也没有强求和强迫扭转，而是在讨论的环节中，和其他 NGO 工作者一块进行比较柔和的提问，如果发言者实在避而不答，就不会再深究，这就尊重了发言者公开自己案例深度的意愿。在第二次会议后，参会的 NGO 对此次会议给予了很高的评价。对于会议的成功原因，学者进行了反思。

首先，分享案例的 NGO 开始主动分享自身的案例。没有一定要达到会议主题内容材料深入挖掘的目标限制，会议组织者采用有意识的尊重态度，减少深究和逼问，案例分享者在会议期间消除了不被尊重的感觉。但同时，在几天朝夕相处之中，在大家不断熟悉中，一些参加者慢慢地打开了自己，在后期的交流和讨论环节中，他们开始愿意表达自己。

其次，NGO 在研讨会中开始增强对自身项目经验的反思，和相互批评与学习。气氛的相对融洽，关系的相对平等，让大家在讨论会中能放松警惕，静心地去学习和思考其他机构的经验和自身的不足。一些 NGO 工作人员甚至开始愿意分享自身机构的一些困惑和尴尬，与大家共同讨论解决问题的方法。而同时，一些 NGO 也愿意对其他机构认为不合理的行为提出自己的质疑。

再次，访点中促进被访农村社区草根组织的反思。在河南社区教育中心的项目点访点过程中，山西永济市寨子村农民协会的参会者现场和农民手工艺协会、文艺队等交流，从一个农村妇女和农民组织的角度来回应农村草根组织面临的问题，鼓励其自信心，其现场社区工作让整个学习网络的成员受到震撼和折服。

在第二期，学者们在反思中发现，尽管这次会议相对成功，大家对农村社区组织开展了深入的讨论和分享，但会议过程中，青年参会者基本没有发言。青年参会者的反馈是，通过会议学习到的东西很实用，回到自己的社区中马上能够使用，很宝贵。但感觉自己经验太少，没有什么好说的。

谁在研究？——社会组织案例的继续深入研究

经过第二期的工作坊后，参会者感觉到自己工作的宝贵，而参会年轻人积极的评价也让大家看到了把这些东西整理出来的必要性。但书写案例不能仅仅是学者来完成。在组织学者的发起下，2009 年 4 月，十几位学者和 NGO 工作人员聚集在北京，大家一道讨论把社会组织案例完成整理和呈现的必要性；案例出版的目标人群和使用。在会议中，学者和一线 NGO 共同讨论了案例写作的框架及案例调查和写作小组成员的沟通，并定下案例写作的原则，包括：案例由机构负责人和外部访谈者共同来写，即学者和 NGO 人员搭配完成；案例的描述以主述为主，公开透明谈论；对于案例中 NGO 工作者的行动选择，警惕评判，需呈现做出选择的土壤和背景；案例的点评需被研究者同意，并不做理论的拔高。

第三期会议和反思

在第二期会议的基础上，2009 年 5 月，第三次会议在安徽阜阳顺利召开。此次会议的主题是农村社会工作方法。会议仍沿用案例分享，访点等方式来开展。不过在案例分享的基础上，筹备小组更用心地增加了社会性别培训的元素。河南社区教育中心在自身农村社会工作案例的介绍上，巧妙地加上了社会性别的两性不平等的社会根源分析、两性不平等带来的家庭暴力、农村养老等问题，并介绍了她们通过修改村规民约等方法来消除农村两性不平等的社区实践工作方法。其他机构也分享了通过文化保护和传承，及促进社区合作能力建设和组织化建设的方法切入农村发展的方法等。在农村社区工作方法分享和交流的贯穿过程中，与会者也深入了解了不同的议题在社区的实践，加深了对议题的认识。

在第三期会议的第一天案例分享的环节，参会的青年工作者继续保持相对沉默状态，大家仍以被培训者的角色参加到会议中。为了给年轻人提供发言和表达自我的空间，参会者临时安排了年轻人分享的环节。在年轻人分享自我的环节，在场的机构领导人、手中掌握丰富经验的工作者被触动了，他们惊奇地发现参与的 NGO 领域年轻人是如此具有理想和热情，同时，也感受到了传递自身经验、培养年轻人的急迫感。在这个环节之后，一位一直对工作网络报有迟疑态度、在案例分享中一直不能打开自己的机构领导人开始对这个网络产生了拥有感，急切地和组织者讨论这个网络的重要性，并希望他们机构的年轻人得到这样培训的需求。

而此刻，此次项目只有一次工作坊要办，学者们已经开始考虑是否要接着办下去或如何办。

行动研究中研究与行动结合的思考

行动研究中，研究是达致合理行动的手段，研究的目标是导向行动。两个案例呈现行动和研究结合的不同方式。

在案例 1 中，行动研究由乐施会发起，在 NGO、学者合作开展第一期调研的基础上，行动研究逐渐深入和多元化。有 NGO 自己开展和操作的行动研究，如返乡创业项目，也有 NGO、学者和社区共同开展的干预试验和行动研究结合的行动研究，如拾荒群体的干预行动研究项目。行动研究呈现不同的层面：第一，通过行动研究来促进 NGO 自身对复杂的社会环境、面临的问题、自身行动逻辑等的反思和理解，更好地调整自身定位，以更好地实现作为外来者的农村社区发展者的角色，如行动的发动者、信息提供者、协助者、资源整合者等；行动研究主体学者和 NGO 结合，也可以是有研究能力的 NGO 自身。第二，通过行动研究来帮助社区"面对自身处境，进行深彻的反思、理解，以寻求改变的条件"，并在社区行动的过程中，能够帮助社区通过不断的反思来理解和指导自己的行动。第三，学者在参与 NGO 的行动研究中，将对知识的形成和建构的过程进行反思和记录。

在案例二中，行动研究由社会工作专业的学者发起。在研究者反思的基础上，农村社会工作学习网络的目标打破了把行动者作为信息提供者的单一角色，使社区实践者成为行动研究的研究主体。在行动主体明晰后的工作网络中，行动和研究在多方面相互结合，开花结果。一方面工作网络朝着原始目标，在学习网络中，社区发展实践各方面的经验被立体地呈现和总结，最终可以形成具备现实指导意义的案例集和农村社区工作方法书籍，另一方面，一些其他收获也在发生：在学习网络中，形成了农民协会的小网络，他们自发相互联系探讨日常行动中所面临的问题和解决的方法；在案例分享中，一些案例暴露进一步加深社会性别不平等的行动被指出，社会性别议题培训在网络中无声无息地被开展；会议已有的会议记录被整理后，已经在参与机构所孕育出的社区草根组织，如妇女手工艺协会、打跳队等的能力建设培训中被使用；案例的自我参与写作和相互评论的过程将进一步促进其成员进行自我反思。

尽管行动和研究的结合使 NGO、学者、社区都从中受益，但两个案例也真实地展现了 Laura Roper 提到和没有提出的双方合作中的挑战。在农村发展网络的案例中展示出：第一次会议中，学者使用社会工作的专业术语造成了 NGO 参与者的失语；行动研究研究者自身开展的行动研究设计之初把 NGO 排除在行动研究的主体之外。在"乐施会城乡循环流动行动研究项目"中，第一期调研中，我们采用的入场手法主要是通过 NGO 来进入社区，研究中要求团队成员以平等、尊重的身份来与被调研对象接触；但学者在日常的调研中更多的是从政府系统接触到被调研对象，权力关系在入场的瞬间已经被设定，入场方式的不同让尽管接受过专业训练的人类学或民族学学者仍感到不习惯，学者由此无意中表露出的优越姿态让 NGO 工作人员感到不满。在对拾荒群体行动研究合作中，学者对自身研究自由的追求，把指向行动的研究看为"带着镣铐跳舞"，并认为 NGO 工作者缺乏专业培训就意味缺乏专业工作的能力。而且由于学者对行动研究的认同迟迟没有建立，研究思路没有理顺，行动研究的研究对象即"NGO 的行动"正在一天天流失。

在行动研究中，NGO 和学者如何才能建立良好的合作关系并取得良好的效果呢？从两个案例的经验和教训来看，主要要注意以下方法。

首先，在相互理解和尊重的基础上，建立信任关系。学者和 NGO 作为社会中不同的角色，其所处机构的文化背景、思考问题的方式、工作成效被评价的标准均不相同。因此，在建立合作关系之初，需要换位思考，避免直观简单的评价非常重要。如 NGO 工作人员不要看到学者摆架子就感觉很讨厌，而是在理解对方的文化、慢慢的接触中，让学者明白 NGO 的处事方式，并逐渐接受；学者也需要避免看到 NGO 工作者缺乏专业培训就断定对方工作能力不行，所面对的问题是不可能被回应的。只有在合作初期放下短期接触所形成的偏见，建立信任关系，合作关系才能持续下去。

其次，研究者需要学会妥协，在行动研究中，研究者需要把研究能否指向行动设定为研究质量的第一标准。学者在参加任何一项研究时，其职业特点决定了其第一兴趣是积累研究素材、扩大视野，为发展理论等做筹备，但在参与到行动研究中时，个人的兴趣，学术发展的野心就需要暂时放在脑后。行动研究是命题作文，研究能否付诸实践，就需要看研究的成果是否考虑到 NGO 工作者对研究成果是否认可，NGO 在行动中会受到的人员能力资源限制、政策环境、目标群体的需求等局限因素。在这个过程中，学者需要抛弃价值中立的立场，从关注弱势，追求平等的视角来看待问题。

再次，在行动研究的各个环节，均需要通过充分的参与来保障各方行动研究的主体地位。无论学者主导或 NGO 主导的行动研究中，为了能够产生指向行动的研究，在行动研究的各个环节均需要双方的参与。

在调研过程或学者建构知识的过程中，NGO 的参与可以帮助学者了解行动所处的具体社会背景、行动中涉及的各利益群体及角色、行动所拥有的资源与限制等，以此摆脱学者"客观化"的书写和解释，提出对方难以接受，或难以付诸实践的知识；NGO 的参与同时可以帮助 NGO 提升自身对问题系统研究的能力，由于中国 NGO 的许多理念和理论是从西方引进的，如以权为本、社会性别平等、社区自然资源管理等，这些理念脱离了西方的社会环境，西方 NGO 所采用的方法多在中国水土不服，难以被照搬。因此，NGO 的理论和实践中有非常大的差距。行动研究可以帮助 NGO 来反思这种差距，系统地来本土化这些理论，实现言行合一。

在 NGO 的试验行动中，也需要学者参与对行动过程的观察，甚至参与到关键的行动中。在参与行动中，让学者感知哪些知识是符合当地社区环境，能够被用到的知识；哪些知识的表述和传递的方式是 NGO 和目标群体能够接受的。在参与中，学者也可以了解知识被行动实践的机制。

梦魇下的黄蝶：台湾美浓水资源运动与生态祭典[*]

洪馨兰^{**}

摘　要："美浓黄蝶祭"为台湾自 1990 年代蓬勃兴起的族群运动与环境运动的重要发展见证。美浓作为台湾重要的客家乡镇，全镇人口中客家人占 95% 之高比例。自 17 世纪以来即已是南台湾下淡水溪流域中游的农业大区，以水稻为主要生产作物。在台湾 1970 年代进入工业快速发展时期后，美浓也因此挤压了许多劳动人口往都市去，造成农村急速老化凋蔽。1995 年，当地仕绅与返乡青年为求凝聚重建农村的意识，从环境与农村保护的角度出发，首次举办"美浓黄蝶祭"，借由结合客家传统祭仪与向生态忏悔的伦理情怀，创发了台湾第一个民间自发的"生态祭典"。笔者曾于第三届、第四届、第五届美浓黄蝶祭协作祭蝶仪式，并参与美浓文化调查及农村成人教育工作至今。本文即作者针对美浓黄蝶祭的缘起、活动设

＊　特别感谢美浓爱乡协进会的数据提供。

＊＊　洪馨兰，台湾"清华大学"人类学研究所博士候选人。曾于台湾美浓爱乡协进会、高雄县旗山区旗美小区大学等小区组织担任研究员。

计、农村地方团体与旅游意识、政策与民间力等参与观察的记录，分析此祭典活动在创发传统上之意义，以及其对自发性农村发展上的启示。

关键词：美浓　客家　农村发展　文化再现

一　美浓在地文化与 1990 年代水资源运动

在台湾，美浓不是位于客家人居住数量最庞大的"桃竹苗"[①]地区，而是属于第二大客家聚集区"六堆"[②] 中偏远的"右堆"，但美浓镇之汉人建庄历史是贴紧粤人（客家人）的移垦史而来，[③]

---

① "桃竹苗"指的是台湾北部的桃园县、新竹县与苗栗县三个县的范围。

② "六堆"原指在 18 世纪初叶（1721 年）在台湾下淡水溪（今高屏溪，即高雄县与屏东县的交界河流，为台湾第三大流域）以东的粤人村落所组成的乡团组织，源于对付民变而组成的自卫性团体，共分为先锋堆、前堆、后堆、中堆、左堆、右堆，每堆分为六旗，各旗壮丁 50 名，平时各自散为农耕之民，有事则奉召作战。关于清代时期台湾地区的分类械斗事件，可参阅陈其南对台湾清代社会分类意识与土著化的研究。陈其南，1987，《台湾的传统中国社会》，第 91 ~ 126 页。

③ 现居美浓的客家人，其祖籍在比例上多来自广东嘉应州所属之梅县与蕉岭县一带。清朝时期，美浓人的祖先沿着下淡水溪往北源头觅地开垦，一路皆遇上更早的住民——南岛语族，经由向南岛语族购买或租地逐渐取得垦地，再回粤东原乡召集更多族人来台湾参与垦殖，与南岛语族间的互动往往同时交替着冲突与合作。美浓客家人的移垦路线主要为来自下淡水溪南岸，时间上约在清康熙至乾隆年间，自武洛庄（今屏东县里港乡境内），直接跨越奔流的河床北上入垦美浓北方平原，或经大路关（今屏东县高树乡境内）再北迁至美浓东部平原，落脚于当时古地图上标示为"弥浓山"南侧的广阔山麓盆地。因台湾许多地名称谓为清时大量采用当地南岛语族的发音，根据 1997 年出版之《美浓镇志》记载，"弥浓"一词为当时以该地作为猎场之南岛语族"*mai-lang*"的音译汉字。今天所使用的行政区域名称"美浓"乃为 1921 年日本人统治时期所颁布，因此二字含意典雅，似能衬托出客家乡村小镇之古典风情，已成为镇民颇引以为傲且认同感高的地域认同。参阅石万寿，1986，《乾隆以前台湾南部客家人的垦殖》，收录于《台湾文献》第 37 卷第 4 期，第 69 ~ 90 页。此处参考该篇论文第 79 页。徐正光等编纂，1997，《美浓镇志》，高雄县美浓镇：美浓镇公所，第 131 页。

且镇内客家人比例极盛时曾高达 97% 以上，加上曾有一段时期盛行区域内婚，1938 年开始的烟草种植，1960 年代以台湾烟草王国之名，拥有全台湾烟草种植许可面积的 1/5，因产业而盛的大规模劳力交换制度，使得美浓内部的人群网络非常紧密，[1] 对于客家文化亦有相当强烈的认同感。其地理环境被闽籍漳泉两州后裔及鲁凯、布农、南邹等南岛语族群所环绕，族群边界（ethnic boundary）明显，使得镇内粤籍客家人所凝聚的集体意识相对于台湾其他客家地区而言，客观上呈现较为内聚团结的形象。这从早期美浓人只要步出美浓即组成"同乡会"一事，即可看出。

美浓自 19 世纪即有台湾南部谷仓的美誉，[2] 经 1950 年代国民党政府实施土地改革，到了 1990 年代农业人口仍占美浓总人口的一半以上（55.01%），后虽经农地释出，耕地面积逐渐缩减，依旧是高雄县 27 个乡镇市中耕地面积排名第二（3406.84 公顷）、农牧户数排名第一（5270 户）的农业大镇。[3]

台湾农业自 19 世纪末以来以小农为主，农业重要乡镇的美浓亦然，[4] 与台湾各地农村的农业发展史相仿，这种小农队伍的形成是在 20 世纪前半叶逐渐形成的。[5] 到了 20 世纪末，小农在南部台湾地区，已经成为家户经济规模的主要形态，在普遍农机化与代耕盛行之下，美浓镇大约有 85% 的农户耕地面积仍小于 1 公顷。[6]

---

① Myron L. Cohen, 1976. *House United. House Divided*, pp. 218 – 219. New York & London：Columbia University Press. 另参考李允斐等，1997，《高雄县客家社会与文化》（凤山市：高雄县政府），第 118 页。洪馨兰，1999，《烟草美浓：美浓地区客家文化与烟作经济》（台北市：唐山），第 181～215 页。

② 参阅徐正光等编纂，1997，《美浓镇志》，第 1182 页。

③ 参阅《美浓镇志》，第 626 页。

④ 参阅《美浓镇志》，第 624 页。

⑤ 参阅锺秀梅，1997，《农业生产》，收录徐正光编纂，《高雄县客家社会与文化》，第 156 页，高雄县凤山市：高雄县政府（高雄县文献丛书系列；9）。

⑥ 每公顷面积等于 100 公亩＝10000 平方公尺。美浓田地面积数据参阅行政院主计处，1997，中华民国八十四年台闽地区农林渔牧业调查报告，第 20 卷：高雄县报告。

1960 年代，台湾经济快速发展，乡村劳动人口大量进入高雄都会区的加工出口区，农业比例以及留乡人口的结构出现重大变迁：劳动人口老化、聚落生活凋零化的情形逐渐突出。大环境的社会经济变动，使属于客家的社群文化与习俗失去了支撑的群众基础，而其累积数世纪以来的"地方性知识"（传统知识）也失去了赖以活络的社会土壤。纵使是客家人口比例占总人口九成以上的美浓镇亦感受到其崩解命运的来临。

和台湾大部分的农村地区相仿，客家文化在美浓镇难逃被边缘化的危机。在这样逐渐流失乡土认同的时刻，1992 年更遭遇到重大的"发展"议题：一座大型水坝预定兴建在美浓镇东北角的双溪河谷，这使得在台湾原本即处少数弱势的客家人，开始担忧一个原本仍具浓厚客家风土味道的美浓小镇，是否会在这波为提供高污染工业区用水的"发展案"中，遭受现代化霸权的强烈入侵，让此百年客家小镇从此走入历史。既使被迫政策移民的比例不多，但生活在高 147 公尺大坝底下的恐惧，也让小镇居民开始担忧了起来。

然而，对美浓小镇来说，这个灭镇的"危机"却也是重启文化运动的"机会"。在乡村客家凋零的状态下，美浓客籍后裔对于美浓故乡的感情，在 1990 年代前期开始凝聚成一股力量，返乡知识青年以从事社会调查来重新累积对于故乡美浓的认识。透过社会经济资料的累积，还有口述历史的访谈，返乡青年看到农村在台湾整个政治经济变迁中的被边缘化，美浓并不是唯一个案；美浓的处境代表着目前台湾乡村社会的集体命运。一种"保卫家乡"的使命感油然而生，透过校园演讲，唤起更多美浓负笈他乡的莘莘学子，利用寒暑假时选择返乡服务，并与镇内既有社会团体共同参与程度不一的社会调查。①

---

① 美浓镇内的非政府组织（NGOs）在 1990 年代之前即十分活跃，除了与民间信仰相关的伯公会、神明会、祭祀公业（蒸尝），还有农业合作团体（转下页注）

越是往内强化认同，则越是吸引着美浓镇居民对于自己家园命运与生活环境的重新重视。美浓水坝政策在 1994 年得到暂缓的结论，而后美浓返乡子弟遂在 20 世纪 90 年代中期以后兴起的"新故乡运动"（社区总体营造），尝试带动地方"文化产业化""产业文化化"的论述与实践。而美浓镇内逐渐形成的各方意见领袖，在 1996 年创发了一个"创发的传统",① 以表达保护客家文化与家园的永续发展愿景——此即本文案例"美浓黄蝶祭"。所谓创发的传统，依马克思主义史学家艾瑞克·霍布斯邦的定义："'创发的传统'是一系列的实践，通常是被公开或心照不宣的规定控制，具有仪式性或象征性的本质。它透过不断的重复，试图灌输大众特定的价值观与行为规范，以便自然而然地暗示：这项传统与过去的事物有关。"② "美浓黄蝶祭"由于自 1996 年举办至今，除其中中断一年之外，每年夏天皆在美浓镇双溪黄蝶翠谷进行，至今年（2010 年）已经是第 15 届，在 2007 年时获选为国家文化艺术基金会例行年度评鉴的"社区自发性艺术节"访视个案，各界也多将"美浓黄蝶祭"视为当代美浓的"文化传统"，其所要传达的生态忏悔含意亦已深入人心。故本文将之以"创发的传统"定义，希望更突显此祭典在融合传统与结合现代"承先启后"的意义。

（接上页注①）（如：烟草交工小组、共同合作产销班等）、同好团体（如：老人会、合唱团、民谣班等），与国际组织（如：美浓国际狮子会、美浓国际扶轮社等），其质量与数量，以一个实际居住人口 2 万人上下的农村社会，这些人际互动网络显得十分活跃。1990 年代之后，更因为保护客家文化、充实客家农村社会之内涵，形成了更多吸纳返乡青年投入的团体（包括美浓爱乡协进会、美浓八色鸟协会、美浓反水库大联盟、美浓环保联盟、美浓博士学人协会、南洋台湾姊妹会等），这批生力军更成为 1990 年代至 21 世纪另一波主导美浓民间社会发展的新生力量。

① 传统的创发（或为被发明的传统）为 Hobsbawn 及 Ranger 于 1983 年所出版的书名，同时也是该书最重要的概念。请参阅 Eric Hobsbawn & Terence Ranger. 1983. *Invention of Tradition*. New York：Cambridge University Press.

② 此句话援引自上注所参阅书籍之中译本，即艾瑞克·霍布斯邦（Eric. Hobsbawn），2002，《被发明的传统》，陈思文等译，第 11~26 页，台北市：猫头鹰。

以下即以"美浓黄蝶祭"之创发背景、过程及活动进行中所展现的客家意识与文化再现，进行说明。提供一个案例，讨论美浓返乡青年与在地仕绅，在面对现代化挑战又不断变迁下的客家传统社会里，如何糅合在地知识求得新的生机。

二　"美浓黄蝶祭"的创发过程

"美浓黄蝶祭"缘起

首届"美浓黄蝶祭"始于1996年，第二年开始加入"第几届"作为序词。美浓黄蝶祭出现时的政经背景，紧扣着1980年代社会力蓬勃兴起的"社运十年"之后。台湾当时的环境保护运动风起云涌，但多以自力救济方式进行政治请愿。美浓因大型水坝计划在经社会与环境评估之后，暂以无限期搁置决议置于立法机构，在美浓故乡的居民并未敢掉以轻心。除了仍继续吸取专业知识，提升阅读官版报告的能力外，还开始决定重视镇内其他关于客家文化逐渐凋零的问题。美浓黄蝶祭为当时台湾第一个由民间自发的"生态祭典"，所谓生态祭典即以"生态保护"为终极诉求的文化仪式活动。因举办地点为美浓水坝预定地，美浓人宣誓守住故乡的味道浓厚。

美浓双溪河谷的地理环境，在20世纪时曾有戏剧性的变化。其原始林相在1900年代曾有部分在日本人统治台湾时，围植为热带实验林，栽植各类热带阔叶树种。后来因各种实验林木适应环境各有差异，林相经多年演化后，铁刀木成为优势树种，因而大量繁殖了以该树种为幼虫食草的银纹淡黄蝶与无纹淡黄蝶。热带母树林园由林务局管理，早期周围经济林地即曾接受农民承租作为果树栽培区，因此每当夏季果树花开时节，淡黄蝶群的食物来源便有着源源不绝的花朵与果实的蜜汁，形成了"东南亚最大的生态型黄蝶翠谷"——淡黄蝶自幼虫至成蝶，其生命周期皆可在此溪谷内完成，为南台湾重要的淡黄蝶生态栖地。1980年代后期，几位美浓客籍返乡教师开始留意到此溪谷地一直潜伏着台湾稀有与珍贵鸟种——包括八色鸟、朱鹮等，而实验林在生态演化竞争后，至今尚有 19 种当初的移植苗栽继续存活，在全台湾仅有此地一株，堪为珍稀的纪念树种。双溪实验母树林园出入交通方便，数十年来一直都是当地学校办理校外郊游踏青之处，也因为是距离高雄都会区最近的浅山森林，周末进山游憩的游客亦能徜徉其间享受乡间午后的宁静，因而整个黄蝶翠谷实际上已累积了近百年来当地居民对于森林的在地知识以及情感记忆。

然而，台湾曾在经济发展的同时，出口导向政策使岛内许多自然资源遭到破坏，数个蝴蝶群聚的山谷成为外销蝴蝶标本的大本营。原本在美浓双溪河谷每年初夏至初秋之间会周期性地出现千万只黄蝶密密麻麻飞舞汲水的"黄蝶大发生"，在 1970 年代中期被媒体曝光之后，吸引了更多山林伐者的觊觎。近 20 年间能目睹到的人已少之又少。加上大坝计划曝光之后，引来了投机客承租土地种植经济果树，意图牟取水坝兴建案中的地上物补偿金，使得原有的铁刀木生态受到破坏，而且经济树种的栽种使用了大量的农药与除草剂，使得野生藤蔓的生长遭到无情的摧残，不仅对蝶类幼虫产生致命危害，同时也因蜜源的减少抑制了黄蝶大发生的出现。根据返乡教师宋廷栋在 1996 年发表的文章，他们曾握有一份统计，在 1988 年的观测记录中，至少有 5000 万只黄蝶的纪录，而今这种情景在人为贪婪之下，几不复见。美浓黄蝶祭发起人之一的宋廷栋这样写道："我们希望以黄蝶祭的活动来划清过去与外来，以虔诚祭礼反省过往的罪愆，发自衷心地向黄蝶幽魂祭告、致歉，一如我们美浓的开庄先祖祭告山川幽魂的心情，进一步宣示我们从黄蝶翠谷开始做起，重建人与环境之间可以永续相处的生态伦理。"①

此生态型黄蝶栖地产生了不可逆的创伤，于是，当这个地点即将可能成为大坝水底的危机仍未消除时，由返乡教师组成的同好团

---

① 宋廷栋，1996，《期待一个大发生期的来临——美浓黄蝶祭的故事》，收录于高雄市绿色协会编著《南台湾绿色革命》，第 114～116 页，台中市：晨星。

体"八色鸟工作室"（后正式立案为"美浓八色鸟协会"）提出建议，邀请美浓地方上意见领袖共同发起"美浓黄蝶祭"，并以刚立案通过的社团"美浓爱乡协进会"的返乡青年为执行班底，1995年夏天第一届"美浓黄蝶祭"正式展开。返乡教师黄鸿松表示，八色鸟协会的宗旨就是："深入黄蝶翠谷的生态调查，从生态保育角度切入，把黄蝶翠谷的生态之美与珍贵真实呈现，一方面唤起美浓人的爱乡情感，一方面破除官方（水库）环境影响评估的不实谎言。"①而在每一届印制的《美浓黄蝶祭活动手册》中，都会将黄蝶祭举办的缘由清楚地列于其中，②各届再视经费募款状况，决定《活动手册》将采取免费折页发赠抑或酌收工本费的方式供参与者购买。

祭蝶仪式

美浓黄蝶祭以祭蝶仪式为主轴，每届再视当年度之重要公共议题，设计不同的动态或静态环节，配合进行。祭蝶仪式流程的设

---

① 黄鸿松，2005，《全球化冲击下乡土教育深化之研究：一位美浓小区教师的诠释》，第61页。高雄县燕巢乡：私立树德科技大学建筑与古迹维护系硕士论文。

② 以下是印制于《美浓黄蝶祭活动手册》中关于"祭蝶"由来的说明："黄蝶翠谷曾是五千万只以上的淡黄蝶（1988年数据）与其他物种共同生存的'快乐生态岛'（Happy Isle）。群蝶相邀，穿梭于溪谷、花丛间寻幽访蜜、林间鸟语悠缈、阳光下的原野阵阵花草熏香袭来；处处弥漫着天堂一般的平和气氛。这样的自然梦境已然碎裂：过当的土地开发、游人消费心态产生的生态干扰、捕蝶人的肆意捕捉，等等；这一切全以人类经济利益为尺度、而不尊重淡黄蝶与其他物种生存权利的行为，正凸显人类不仅不是万物之灵；反而是自然界的共同天敌。如果不能放弃这种'天生万物以养人'的沙文式资源生态观，我们将会以'人择'破坏'天择'的自然规律。其结果是：先伤害其他物种然后再伤害自己的子孙。人毕竟是大地之子，必须与环境交互作用才能生存，与生态界各物种也是息息相关；唯有与自然界和谐相处，人类文明才有出路。如果能尊重其它物种并维持生态平衡，善尽大地赤子的责任，人类才是一个高尚的品类。在这谷地里，我们的心眼看到遭人类迫害枉死的万千淡黄蝶幽魂飘来逸去，不可终日。于是我们想到应该邀集各方人士来到黄蝶翠谷，以美浓本地的客家祭仪祭蝶，为过去集体的罪愆诚心致歉。热望借由此仪式，除了让人们过往对环境的伤害，与对黄蝶及其他物种的种种迫害行为告一终了；更进一步要以尊重自然的态度，发展出人与环境间新的合理关系。"

计，参酌了美浓客家传统伯公①祭仪改编而成，但维持每届负责祭仪设计者的创发弹性，因此，每一届的祭蝶仪式从场地布置到程序细节都各具特色。唯其基本仪式轴线皆维持一致，包含：敬告双溪伯公②与黄蝶伯公③；捻香敬告山神④表达人类忏悔；以客语宣读由锺铁民（台湾乡土文学家锺理和先生之子）所执写的祭文《扬叶仔，飞归来》；向黄蝶献花、献果、献蜜；举手宣誓《黄蝶翠谷生态公约》等。祭蝶仪式全程约 90 分钟，通常是在上午巳时进行，于午时前结束。

　　仪式设计由美浓返乡青年参酌耆老意见集思广益完成，仪式进行时之工作人员（包括司仪、执礼官、带领队伍等）都是由居民及返乡学生担任。人选通常会在活动前进行邀集与确认，特别是当日与会之地方仕绅领袖与民意代表，各届视主题设计，亦曾有台湾或国际环保团体代表、学界教授等受邀参与，于祭点进行时成为"主祭团"的成员。主祭团在仪式正式开始之前，由协助的学生志愿者披上客家传统靛色长衫，亦因南台湾夏季炎热，会让来宾戴上农家斗笠，在美浓传统客家八音⑤的伴奏下，带领参观民众完成祭蝶仪式。【祭蝶】流程大致如下（以 1997 年第三届美浓黄蝶祭为例）。

---

① 客家地区称土地公为"伯公"，为与居民相当亲近的土地神明崇拜。

② 双溪伯公位于双溪北岸，为保佑双溪地区的土地神明，设置安奉年代不详。

③ 黄蝶伯公位于双溪南岸，邻近双溪母树林园入口。1990 年时黄蝶伯公已改建成闽式土地公庙造型，土地神从字刻石碑被塑像取代。但庙坛的拜亭建筑嵌上许多黄蝶模土造像，此土地神与黄蝶翠谷的关系，远远即可清楚看到。

④ 双溪黄蝶翠谷这一带为美浓北方月光山系与东方茶顶山系的交会地带，是双溪冲积扇的顶端。站在双溪河谷中，感觉群山环绕，客家人有自然崇拜文化，遂有天神、山神祭拜之礼。

⑤ 八音是婚丧喜庆常见的伴奏乐器。一般"客家八音"所使用的乐器有四类①吹管乐器：唢呐、笛（直箫与横箫）；②拉弦乐器：二弦、胡弦、喇叭弦（较少用）；③弹弦乐器：扬琴（蝴蝶琴）、三弦、秦琴；④打击乐器：木鱼（高低音）、堂鼓（通鼓）、小钹、小铮锣（叮当）、小锣（云锣）、大锣（本地锣）。美浓客家八音所使用的乐器只有：唢呐、笛（直箫与横箫）、二弦、胡弦及所有打击乐器，通常是四个人为一团，俗称"八音团"。锺铁民等编著，1998，《美浓文物暨文化资料调查》，第 30 页，高雄县美浓镇：美浓爱乡协进会出版。

（1）【祭告山神、土地伯公】由社区意见领袖组成之主祭团，分为两个路线，分别前往"山神伯公"及"黄蝶伯公"拈香禀告。向土地神明报告即将举行"祭蝶"仪式，并祈求仪式顺利平安。（若因个人信仰而不持香者，可双手合掌。）

（2）【拈香敬天】主祭团与全体依祭者，点香邀告当地黄蝶及其他生物神灵，共同享祀。（若因个人信仰而不持香者，可双手合掌。）

（3）【三献礼】献上三种祭品：①献花：首先献上淡黄蝶蜜源植物之花；②献果：其次献上铁刀木及其他花草植物之种子或果实；③献蜜：最后献上花蜜。

（4）【葬蝶】将自然死亡的蝴蝶遗体慎重入葬，表达尊重其生死之意。（或可采用"文心兰"之花瓣，以其与黄蝶十分相像之展貌，象征祭蝶。）

（5）【诵读祭文】以祭文表达对过往淡黄蝶受到人类迫害之歉意；并誓愿尊重淡黄蝶与其他生物族群之生存尊严，建立新的和谐关系。

（6）【烧化祭文】祭文诵读之后继而烧化，以告天地。

（7）【宣誓黄蝶翠谷生态公约】全体举起右手宣誓遵守《黄蝶翠谷生态公约》，以期建立人与自然间新的合理关系。

（8）【种树健行】健行至植被受破坏的黄蝶翠谷林地栽种铁刀木苗，冀以立苗成林并望将来能孕蛹成蝶，以求复育淡黄蝶生态；以种树的实际行动，实践人类的保育决心。

生态嘉年华与黄蝶翠谷生态公约

体验式教育是黄蝶祭的核心之一，在双溪河谷进行祭蝶仪式的同时，实验林树荫底下的空地有由南台湾几个生态团体（如：鸟会、绿色协会、湿地保护联盟等）协办的生态嘉年华。活动内容为亲子共同进行森林体验以及生态知识学习讲堂；而在森林外的溪谷亦有短程的亲子溯溪。这两个活动通常与祭蝶仪式同时进行。参加生态体验的民众，大人带小孩点缀于河谷浅滩，群聚于林荫下，远远地亦能同时听到祭蝶过程中的客家八音组曲。这像是一个农村舞台，使得参与者散落在整个河谷区，虽然黄蝶祭除主祭台外通常不再设计民众的观礼台，但整个河谷其实就是观众席。

在双溪母树林园的入口，黄蝶祭将《黄蝶翠谷生态公约》立桩固定。文字精简易懂，每年黄蝶祭祭蝶仪式中，必在祭蝶仪式最后，由主持人邀请所有参与民众举起右手大声宣读，表示对此《公约》诉求的认同：

> 我深爱黄蝶翠谷美丽的环境和动植物，我在这里看到青山绿水，听到虫鸣鸟叫，我感觉到风吹过树梢，体验到我在自然里，为了让你与我一起分享这种感觉，我愿意：一、尊重此地所有的生命；二、放低音量，注意倾听；三、带出垃圾，不留痕迹；四、告诉朋友，我做到了。

从生态祭典到美浓客家节庆

在台湾，美浓黄蝶祭经媒体不断报导之后，名气渐响。然而因顾虑举办之人力动员有限，加上原本就是希望还给溪谷生态一个宁静和谐的环境，因此当地返乡青年一直不倾向把活动过于扩大。但另一方面，美浓原有的客家风情往往也是吸引游客参加黄蝶祭并停留体验的原因，如何让这些千里迢迢来到美浓的各地朋友，在参加祭蝶仪式之外还能体验到更多的客家小镇文化，这考验着美浓黄蝶祭的规划方向。

自第六届（2000年）开始，美浓黄蝶祭决定在祭蝶仪式之外，另外规划相关客家与农村体验环节，将"黄蝶祭"拉长为一天半至一周不等的系列活动。延伸的内容分成静态与动态，静态部分主要是展览，历届的静态展场主题包括水坝危害海报展、黄蝶祭历届海报展、美浓锺理和文学展、美浓艺术家美术展、客家农特产品展、水资源出版品展览等。动态活动则更为多元，曾经举办过的包括森林演唱会、客家伙房①演唱会、骑单车游美浓、登山俯瞰美浓、客家艺术团体或学校团体表演，以及相当受欢迎的穿水桥②等。每项静态展或动态活动，为节省场地租借开销，大多借用公共空间（如学校礼堂、社团办公室、农会大礼堂、老街伙房等）为小型展演场所，并分散在美浓镇内的不同地方，参观民众可租借单车往返于各个表演或展览会场。根据第六届黄蝶祭的筹备会议记录，利用农村里的公共空间或闲置空间举办黄蝶祭系列活动，此于当时筹备的美浓年轻人从英国爱丁堡艺穗节（Edinburgh Festival Fringe）得到的灵感。

黄蝶祭活动延长后，当地的店家以合作协办单位的方式共襄盛举，如客家面帕板③店、客家合菜餐馆、美浓清冰饮茶店、单车出租业、民宿业、传统裁缝店等。活动期间发行由募款所得印制的《美浓黄蝶祭活动手册》，详载黄蝶祭由来典故、黄蝶翠谷（双溪溪谷）自然生态、祭蝶流程、系列活动、单车导览路线等信息，另亦印上地方相关之旅游产业，后来即成为各类《美浓导览手册》的雏形。近年来台湾出版业热衷乡土旅游主题，美浓作为南台湾客家小镇代表之一，在 21 世纪兴起的观光风潮中，由地方居民自行印制的黄蝶祭活动手册，后也成为抢手流通的信息来源。

三　"美浓黄蝶祭"与社区发展思考

美浓黄蝶祭与返乡青年

美浓黄蝶祭为民间自筹经费的创发农村祭典仪式。由于其长期

---

① 伙房即合院，指客家民居。
② 在美浓最早的汉人聚落在 20 世纪初时，日本人为让圳水跨越美浓溪，遂兴建一涵管并于其上铺道让牛车得以通行，也成为聚落跨越美浓溪一座重要的桥梁。水涵洞过去常有小孩戏水，从一端进涵洞，随着圳水水流再从另一端出来。
③ 当地传统的米食馆。主原料是米以及地瓜粉，一般市面上称"板条"，在地方上喜称"面帕板"。

以来都属自发性活动，并没有常态的经费来源，故经费来源的不稳定，每年都考验着美浓返乡青年的募款能力。募款对象除了地方仕绅以及旅外同乡外，亦会以企划书向政府部门申请相关补助，大部分的款项皆以预算作为募款金额目标，并不会留用至下一届，因此每一年的黄蝶祭就预算来说，几乎就是"专款专用"没有剩余。然而，虽说经费每年从零开始募集，乍看是活动的致命缺点——在台湾，常可听闻某些活动仅因经费中断即面临停办命运，但换个角度看，每年重新募集经费也可以视为一个持续动员的过程，新旧人脉在此不断重新连结互动，而这个动员的核心，也都在返乡青年的身上，透过募款，返乡青年得以再次与乡里长辈及旅外同乡进行意见交流，争取认同，同时也强化彼此的相互认识及对美浓的向心力。

除了返乡工作的知识青年外，黄蝶祭亦提供短期的参与观察工作，鼓励假期回乡或下乡的美浓籍子弟或专程提前至美浓协助活动的大专志愿者，利用活动举办期间，多认识美浓。在第三届举办完后，这些暑期返乡的大专青年志愿者，便决定以"美浓后生会"（后生：年轻人的意思）的团队名称，成为一个支持美浓文化活动的队伍。

美浓后生会原是一群美浓八色鸟工作室返乡教师所教过的国中学子，利用大学暑假，返乡协助每年暑假与美浓镇内国小合办的"儿童生态体验营"；之后，美浓爱乡协进会的返乡青年开始规划"返乡学习课程"，包括田野调查、建资料文件、母语学习等，让暑期返乡成为这些青年志愿者在打工赚零用钱之外，另外一种生命路径的选择。这些曾因参与黄蝶祭而感动的后生志愿者，到后来决定学成毕业返回美浓工作的，目前已有 20 人左右（含已离职者），返乡后的工作选择，包括担任偏远学校教师、协助农业发展、进入返乡青年团队（如：美浓爱乡协进会、旗美社区大学、南洋台湾姊妹会、美浓田野学会等）担任专职或兼职工作。美浓黄蝶祭常常是后生会体验地方非营利/非政府组织（NPO／NGO）的机会，透过贴近参与观察，初步理解这种工作环境以及使命感，亦是提供他们对于离开学校之后就业生涯的另类选项。

美浓黄蝶祭与跨界串连

美浓黄蝶祭自第一届以来，其参与人数①在数百至数千之间，差异甚大，亦非呈现稳定成长状态。依据黄蝶祭在名称上的定位："祭"之含意有两种，一种是字面上的意义，即是一个祭典，实实在在有一个向自然界忏悔的仪式；另一层意义则是带有日本民间文化"祭"（祭り，matsuri）的想法，即一种由居民共同参与的庆典。在这两层意义上，基本上，该活动并非以"观光客"为诉求导向，而是倾向针对镇内居民为主的活动，对外则是诉求更友善地球的环境政策，从某个角度来说，其创发时带着强烈的"保卫家乡"之政治诉求，这是无可否认的。不过，因活动设计充满浓厚的客家风情，其文化景观仍吸引了相当多的游客，希望一睹宁静的山间客家小镇。于是，环境保护以及客家保存之后就成为美浓黄蝶祭在进行"跨界"串连时的两个重要象征。

在"环境"的串连上，美浓位于南台湾高屏溪流域的重要位置上，返乡青年是世界河流组织（International River Network）的守望团体，同时也曾数次参与东亚暨东南亚受水坝影响地区人民联盟所举办的工作坊。因此，在美浓黄蝶祭系列活动中，会邀请水资源保育、林地生态保护等政府部门以及社区相关人士进行座谈或参与活动，并担任黄蝶祭贵宾，因此参与者是跨界且多元的。根据张正扬所整理的"保护高屏溪运动大事记"，美浓黄蝶祭从第一届到第六届一直都有很强烈的环境串连议题。②

1995 年 6 月 4 日　八色鸟工作室与美浓爱乡协进会等美浓地

---

① 这里的"参与人数"指称包括受邀贵宾、工作人员及一般游客之"所有当时有意识地在活动现场并积极参与其中一项系列活动的人"。

② 张正扬，2000，《保护高屏溪运动大事记》，收录于曾贵海、张正扬编著《高屏溪的美丽与哀愁》，第 307 ~ 324 页，台北市：时报文化。

方社团，于美浓水坝坝址预定地双溪黄蝶翠谷举办第一届"美浓黄蝶祭"。

1996 年 6 月 2 日　第二届美浓黄蝶祭，吸引三千人以上参与；澳洲绿党国会发言人 Bob Brown 专程前来参与，在坡地上种下铁刀木。

1997 年 7 月 6 日　第三届美浓黄蝶祭，活动项目之一"黄蝶翠谷生态公投"开票结果，高达 95％ 的投票者主张将黄蝶翠谷设为"生态自然公园"。

1998 年 8 月 9 日　第四届美浓黄蝶祭，由高雄县长余政宪、屏东县长苏嘉全与美浓爱乡协进会理事长锺铁民共同担任主祭。

1999 年 6 月 6 日　第五届美浓黄蝶祭在黄蝶翠谷照常举办，主祭团成员包括民进长主席、总统候选人、各级地方政府首长、中央及各级民代、工会理事长、学者、地方社团等，主祭团成员为历年来规模最大的一次。与会主祭团皆表示，兴建美浓水库为违反国际潮流的不智做法。

2000 年 8 月 9 ～ 10 日　第六届美浓黄蝶祭，以"催生黄蝶翠谷生态公园"作为主轴，活动场地自双溪黄蝶翠谷扩大为全美浓，并延长时间为两天举办。

另外，在"客家"方面，祭蝶仪式本身浓厚的客家风味，使严肃的环境诉求添加文化的包装，并让客家文化与环境保护两者连结起来，"客家人保护水资源土地"成为这个活动最醒目的象征。仪式背后河流守护的信念，在活动进行中融入客家生活（客家小镇的食衣住行）、地方知识（美浓的传统祭仪）、农村旅游（单车、美食、导览）等文化面向，如剧场般"再现"着美浓作为令人心生向往的适居家园愿景。黄蝶祭即是从环境诉求连结到文化资产保存，议题也是跨界多元的。

除了环境议题以及客家文化上的诉求，美浓黄蝶祭也曾邀请南邹族族人"返回"原属于他们传统猎场的双溪河谷，带来他们自然之舞——贝神舞。美浓客家人的祖先曾因开垦使得这片原始埔地水田化，迫使邹族人不得不放弃他们的猎场离开此地，现在客家人在此举行与环境对话的"新创"祭典，邀请山林更早的主人回来一同参与，这个理念某种程度展现了美浓客家人在进行"客家文化复振运动"的同时，也极力在避免"客家沙文主义"或"客家至上"情绪可能对邻近乡镇带来的负面焦虑。这是一种"历史跨界"的尝试，也就是在现代的新创祭典中，将这块土地的贯时性意义重新连结起来，虽然并不是每届黄蝶祭都有同样的活动设计，但这种思维存于创发黄蝶祭的返乡青年意识中，应是毋庸置疑的。

文化创意与在地行政管理

美浓黄蝶祭就规模与设计上，严格来说是很在地（local）的，既没有华丽的舞台设计，也不是诉求精致的著名节庆。换句话说，黄蝶祭就是美浓这块土壤"种"出来的作品，也无法移植到其他地方。十多年下来，黄蝶祭作为乡村里创发的"新传统"，相较于"殿堂经典"不如说是更偏向"地方社会"，若以文化艺术价值评断，其光谱则是偏向"草根文化艺术"这一端。每项静动态子活动，都相当刻意在呈现美浓地方农村社会的特色，包括系列活动中民俗呈现的食文化（客家以及东南亚）、① 重要环节的服饰（客家农村）、参与祭典的交通工具（单车）、参加系列活动时的过夜（农家民宿）等。若以"地方特色作为对抗全球单一化"的论点思考，美浓黄蝶祭不仅对抗的是台湾主流发展主义的水坝思维，同时也尝试用美浓在地文化（传统与现代的美浓客家）去对抗越来越均质的全球化。但也因黄蝶祭的规模强调地方化，除部分文宣及场地布置采用委外设计，黄蝶祭整体执行几乎九成都在"非专业性"的社区志愿者手中完成，包括从原料的采买、绘图、搭建、清扫、

---

① 由于美浓当地有相当多因婚嫁而自东南亚远道来台的新移民女性，同时南洋台湾姊妹会总会亦设址于美浓，因此黄蝶祭时她们总是相当热情的协办与支持团体之一，对于提供东南亚菜肴、或担任系列活动翻译和接待工作等，都有相当的贡献。

广播、伙食等，我个人在 1997～2000 年的实际参与期间，每逢黄蝶祭举办前数周，在美浓八色鸟协会与爱乡协进会共同的办公区（一座三合院），总是来来去去有相当多的青年朋友，或剪纸、或裁布、或写书法大字，甚至练习驾驶农用货车协助运送布置材料到 12 公里外的黄蝶翠谷。黄蝶祭前一晚，为了看守也预防已布置妥当的场地遭不明人士破坏，通常也会有志愿者在黄蝶翠谷搭帐篷夜宿。曾有外地游客表示，黄蝶祭整体感觉更像是在农村里办园游会。这个意见凸显了黄蝶祭缺乏一种较为秩序感或设计感的安排，用"农村舞台"的比喻应十分恰当。DIY（Do it by Yourselves）是黄蝶祭的一大特色，呈现一种属于农村的质朴与美学。

另外，由于美浓黄蝶祭之主导权完全在民间社团手中，这个活动的"自发指数"或可说是接近满分的；但也吊诡，正是其"高度自发"的特质，也曾经出现过"不续举办"的声音。详究其因，该届主张不续办理的说法为筹办人员认为该年度支持的人力不够齐备，因在该年度的夏天须完成重要乡建项目，而当年返乡志愿者与大专生受客观条件影响似出现疲态，造成人数不多，加上返乡青年当年亦处世代交接，无暇顾及黄蝶祭，以致错过筹办时程，以上种种原因致使黄蝶祭曾于 2005 年宣布停办一次。不过，黄蝶祭虽是农村自发的祭典与文化活动，但决定"不举办"却还是引来相关地方文化单位的频频关切，甚至亦曾出现以下意见：若地方无力举办，县级或更高的文化单位（文化建设委员会或客家委员会）有意愿接手主办。黄蝶祭主办的社团领袖聚集开会，最后的结论极有意思：社区无法办理，但也不倾向由政府接办，怕最后会对政府资源产生"依赖"，黄蝶祭多年建立下来的地方自主动员，就会消失殆尽。这个决议确实跌破许多人的眼镜，因为很多人质问：社区活动不多是希望有愈多稳定的经费愈好？愈高层的单位来参与主办，不是愈能显出重要？但我认为，这即为美浓客家复振运动的特色——活动的目的不在盛大，而是为了提振地方居民对于居住当地的自信、自尊与自主。事实上，从 2006 年复办之后，美浓黄蝶祭仍然能在地方社团主办之下，每年夏天排除任何困难地在黄蝶翠谷完成祭蝶仪式。

　　作为地方创发的祭典，其背后带有浓厚的环境保护意识，而环保是全球共同的潮流与责任，从网络上搜寻亦可见到在美浓爱乡协进会官方网页下，设有美浓黄蝶祭专属的英文网页。① 同时，黄蝶祭也成为美浓中小学客家乡土教材的内容，在客家委员会所出版的台湾客家童书中，黄蝶祭亦已挤入台湾客家庆典仪式的介绍名录中。② 在坊间旅游书籍或关于台湾客家导览的出版品内，美浓黄蝶祭也在台湾客家旅游路线上。美浓镇居民参加解说员培训课程，成为黄蝶祭活动的解说导览志愿者，而活动期间之外，他们也可以自行接下导览团体，酌收导览费用，挣取收入。黄蝶祭间接地提供了美浓镇的自助旅游产业，而后数年的其他类似"圣迹字纸祭""二月戏焗闹热""白玉萝卜季""美浓烟叶纪""农民市集""休耕花田季"等，其筹划者也多是曾经担任黄蝶祭召集人的返乡青年，经验丰富。

　　祭典活动结束后，游客纷纷散去。只见返乡青年带着许多志愿者，以及专程远道来帮忙的友人们，一起拆广告牌、收桌椅，放上农用卡车，并回收来年仍可再使用的各种竹条、布旗海报，最后收拾垃圾，分批穿过小镇中心将物品全数运回在小镇一隅的办公区。黄蝶祭最近几年多以在老街举行"穿水桥"活动后结束，亦有过在美浓客家诗人与歌手组合的农村音乐创作民谣演唱会里，让人群与居民如在魔幻写实般的情境下，重返农村日常的脉动。美浓黄蝶祭不只是一场社区祭典，某种层面上，有创发、有传统、有意气风发、有无可奈何。在悠悠的八音落幕后，黄蝶祭似乎是美浓返乡青年们每一年在故乡的土地上所进行的生命仪式。

---

①　"Save Yellow Butterfly Valley for Man and Wildlife"，http：//mpa. ngo. tw/english/NodamYBV. html。

②　见赖佳慧等编，2007，《敬义民·祭黄蝶》，台北市：行政院客家委员会/远足文化事业。

四 小结：发展人类学的思考

从 1990 年代中期，受台湾本土认同运动兴起的刺激，由地方居民透过发扬在地特色文化而举办活动，使得"祭"成为台湾文化产业的一个热门关键词。然而，大部分时候，都是采借传统祭典全村动员热闹交融的含意，活动中不必然真有实存的"祭典"。也因此，外界亦常误以为"黄蝶祭"是"黄蝶季"（黄蝶大发生的季节活动）之意，便急着想去美浓欣赏数千万只的纷飞黄蝶。但往往直到从网络或文件讯息确认活动内容后，才"赫然"发现不是夏令营式的自然导览活动，而是确实有一场邀集居民参与的"祭蝶仪式"——手持清香进行传统三献礼的生态祭典。

在逐渐瓦解的台湾传统农村社会里，美浓返乡青年透过采借客家传统中曾经相当熟悉的三献礼仪式，赋予新的时代与农村保存使命。透过盛行于美浓地区的客家三献礼祭仪，将祭神（超自然神明）的部分，采借为祭蝶（自然界生物）。客家社会之传统信仰原本即具有自然崇拜的本质，特别表现在为数众多的伯公（土地神）崇拜，光美浓一镇就有 380 多座的伯公。[①] 或许，我们可以说，以客家传统祭仪来创发祭蝶仪式，是美浓客家人族群意识展现的实践，其目的之一也是企图让面临现代化下逐渐失去传承的客家文化与地方知识，透过某些新的"仪式"操作，让世人重新以新的眼光"看见它"护卫家园的那份精神。

从另一个角度来说，美浓客家人以创发祭蝶仪式，并扩大成为每年必定举办的美浓黄蝶祭，即是希望让"传统的记忆"来生出"新的记忆"。法国涂尔干学派重要人物莫里斯·哈布瓦赫（Maurice Halbwachs）在论及集体记忆（collective memory）时便强

---

① 张二文，2002，《美浓土地伯公之研究》，台湾台南师范学院乡土文化研究所硕士论文。

调过：在大多数的情况下，我们之所以回忆，是因为别人刺激了我们，也就是"别人的记忆帮助了我们的记忆，我们的记忆借助于他们的记忆"①。集体记忆是要靠着一种社会性来完成。透过新的仪式，这种集体记忆的社会性机制又活络了起来。

哈布瓦赫在提到集体记忆时，也提到过人们并非直接记着种种历史事件；只有人们聚在一处，透过阅读、收听或是参与庆典节日的机会，记忆起那些过往逝世已久团体成员的言行成就，感动才能够被勾起。集体记忆用着林林总总的生活礼俗与对历史英雄人物的纪念仪式，用着吟游与史诗式的文学诗歌，来纪念缅怀，而使得团体成员的记忆再鲜活起来，历史性的记忆只有通过书写记录以及诸如相片等其他具体记录，才能影响社会人（social actor）。由此观点来分析，"美浓黄蝶祭"似乎是承继着客家人的土地崇拜信仰，并尝试给予传统祭仪另一种现代性与现代生活：与"永续"二字接轨得更为密切。

1990 年代台湾客家复振运动的新生代杨长镇曾写到："客家人文化身份意识之觉醒，在个人一旦在参与某种具体的反抗中，发现或重建了这种自我的主体或尊严意识后，便可能经由这个已经宣告确立的主体意识，在遭遇现实中不同的压迫时产生反省，进而发动为不同的抗争、反叛，这项新的反抗经验，又可能回馈为新的自我意识而丰富自我的内涵，或更周全地发现到自我所处的真实处境。"② 这种"发现真实处境"正是美浓黄蝶祭将"客家公共性"的议题（客家农村遭受危机）和客家人现存的日常生活相互结合的积极作为。当然，我们也可以思索，美浓客家人是否正在透过这

---

① Maurice Halbwachs. 1992. *On Collective Memory*, edited, translated and with an introduction by Lewis A. Coser, The University of Chicago Press. 此句话之中译文引自毕然、郭金华译《论集体记忆》（On Collective Memory），第 69 页。上海市：上海人民。

② 见杨长镇，1991，《社会运动与客家人文化身份意识之苏醒》，第 199 页，收录于徐正光主编，1991，《徘徊于族群和现实之间：客家社会与文化》，第 184 ~ 197 页。台北市：正中书局。

样的活动，重新思考他们要怎样的"现代发展"？他们可以为自己家园的未来付出到什么程度？是否有时候"不发展"也是一种"发展"？最后，美浓人透过黄蝶祭似乎也在问自己——美浓客家文化希望如何被对待？美浓的居民准备好"如何被观光"了吗？

"美浓黄蝶祭"是一个台湾客家农村菁英的一场客家认同集体建构，换个角度，或许更是另外"新的客家意识"的开始。

参考文献

石万寿，1986，《乾隆以前台湾南部客家人的垦殖》，《台湾文献》第4期。

艾瑞克·霍布斯邦（Eric J. Hobsbawn），2002，创造传统，收录于霍布斯邦等著《被发明的传统》，陈思文等译，猫头鹰。

宋廷栋，1996，《期待一个大发生期的来临——美浓黄蝶祭的故事》，收录于高雄市绿色协会编著，《南台湾绿色革命》，晨星。

李允斐、锺永丰、锺秀梅、锺荣富，1997，《高雄县客家社会与文化》，高雄县政府。

洪馨兰，1999，《烟草美浓：美浓地区客家文化与烟作经济》，唐山。

徐正光等编纂，1997，《美浓镇志》，美浓镇公所。

张二文，2002，《美浓土地伯公之研究》，台湾台南师范学院乡土文化研究所硕士论文。

张正扬，2000，《保护高屏溪运动大事记》，收录于曾贵海、张正扬编著《高屏溪的美丽与哀愁》，时报文化。

陈其南，1987，《台湾的传统中国社会》。

黄鸿松，2005，《全球化冲击下乡土教育深化之研究：一位美浓社区教师的诠释》，私立树德科技大学建筑与古迹维护系硕士论文。

杨长镇，1991，《社会运动与客家人文化身份意识之苏醒》。收录于徐正光主编《徘徊于族群和现实之间：客家社会与文化》，正中书局。

赖佳慧等编，2007，《敬义民·祭黄蝶》，行政院客家委员会/远足文化事业。

锺秀梅，1997，《农业生产》，收录于徐正光编纂《高雄县客家社会与文化》，高雄县政府。

锺铁民等编著，1998，《美浓文物暨文化资料调查》，美浓爱乡协进会出版。

Eric Hobsbawn & Terence Ranger. 1983. *Invention of Tradition*. New York: Cambridge University Press.

Maurice Halbwachs. 1992. *On Collective Memory*, edited, translated and with an introduction by Lewis A. Coser, The University of Chicago Press.

Maurice Halbwachs，毕然、郭金华译，2002，《论集体记忆》（On Collective Memory），上海人民出版社。

Myron L. Cohen. 1976. *House United*, *House Divided*. New York & London：Columbia University Press.

图书在版编目(CIP)数据

反思参与式发展:发展人类学前沿/陆德泉,朱健刚主编.
—北京:社会科学文献出版社,2013.3
(贫困、发展与减贫丛书)
ISBN 978 - 7 - 5097 - 4107 - 8

Ⅰ.①反…　Ⅱ.①陆…　②朱…　Ⅲ.①应用人类学 - 国际学术
会议 - 文集　Ⅳ.①Q989 - 53

中国版本图书馆 CIP 数据核字(2012)第 304712 号

·贫困、发展与减贫丛书·
反思参与式发展
——发展人类学前沿
_____

主　　编／陆德泉　朱健刚

出 版 人／谢寿光
出 版 者／社会科学文献出版社
地　　址／北京市西城区北三环中路甲 29 号院 3 号楼华龙大厦
邮政编码／100029

责任部门／社会政法分社　　　　　　责任编辑／田金梅　崔晓璇
　　　　　(010) 59367156　　　　　　　　　　谢蕊芬
电子信箱／shekebu@ ssap. cn　　　　责任校对／李淑芬
项目统筹／童根兴　　　　　　　　　责任印制／岳　阳
经　　销／社会科学文献出版社市场营销中心　(010) 59367081　59367089
读者服务／读者服务中心 (010) 59367028

印　　装／三河市尚艺印装有限公司
开　　本／787mm×1092mm　1/20　　　印　　张／11.8
版　　次／2013 年 3 月第 1 版　　　　字　　数／205 千字
印　　次／2013 年 3 月第 1 次印刷
书　　号／ISBN 978 - 7 - 5097 - 4107 - 8
定　　价／45.00 元